Adil BARRA

Modelação, identificação e controlo de sistemas físicos e logísticos

Adil BARRA

Modelação, identificação e controlo de sistemas físicos e logísticos

ScienciaScripts

Imprint

Cover image: www.ingimage.com

This book is a translation from the original published under ISBN 978-620-6-72793-4.

Publisher:
Sciencia Scripts
is a trademark of
Dodo Books Indian Ocean Ltd. and OmniScriptum S.R.L publishing group

120 High Road, East Finchley, London, N2 9ED, United Kingdom
Str. Armeneasca 28/1, office 1, Chisinau MD-2012, Republic of Moldova, Europe
Printed at: see last page
ISBN: 978-620-8-33116-0

Índice

Prefácio

Este livro apresenta uma síntese das actividades de investigação do autor, centradas na modelação, identificação e controlo de sistemas físicos e logísticos. Estas actividades estão divididas em três áreas principais:

A primeira parte centra-se na modelação e controlo de uma turbina eólica baseada numa máquina assíncrona de dupla alimentação MADA, considerando o comportamento de histerese do seu circuito magnético. A segunda parte centra-se na identificação dos parâmetros internos das máquinas assíncronas utilizando o filtro de Kalman, com o objetivo de localizar a variação dos parâmetros para diagnosticar a probabilidade de avarias.

O segundo eixo diz respeito essencialmente ao estudo da viabilidade de propostas de matrizes que constituam a representação singular de sistemas físicos com atraso. O objetivo deste estudo é propor modelos que se aproximem o mais possível dos sistemas reais.

O terceiro eixo centra-se na regulação do nível de stock de um armazém, sendo o objetivo essencial deste estudo determinar o momento da reposição para otimizar os tempos de preparação e de abastecimento dos espaços de armazenamento, o número de movimentos e o espaço de armazenamento.

Prefácio

O presente documento apresenta uma síntese das minhas actividades de investigação centradas na modelização, na identificação e no controlo dos sistemas físicos e logísticos, e que se podem classificar em três eixos principais:

O primeiro eixo está dividido em duas partes, onde a primeira se centra na modelação e controlo de uma turbina eólica baseada num gerador de indução de dupla alimentação DFIG, considerando o comportamento de histerese do seu circuito magnético. A segunda parte é dedicada à identificação dos parâmetros internos das máquinas assíncronas através da teoria dos filtros de Kalman, este estudo tem como objetivo localizar a variação dos parâmetros de forma a diagnosticar a probabilidade de avarias.

O segundo eixo tem como principal interesse o estudo da viabilidade das propostas das matrizes que constituem a representação singular dos sistemas físicos com atrasos, este estudo tem como objetivo propor modelos que mais se aproximem do comportamento dos sistemas reais.

O terceiro eixo centra-se na regulação do nível de stock de um armazém, o objetivo essencial deste estudo é determinar o momento de almoçar os reabastecimentos de forma a otimizar os tempos de preparação e os espaços de armazenamento, o número de viagens.

Introdução geral

Durante este período, comecei a interessar-me pelas Smart Grids, cuja ideia principal era criar um sistema de gestão das fontes de abastecimento de eletricidade de uma rede, privilegiando a fonte menos onerosa. Para além da rede eléctrica, este sistema combinará energias renováveis, geralmente eólica e fotovoltaica, bem como células de combustível como meio de produção e armazenamento de hidrogénio, um gerador e baterias. O sistema será gerido por uma função de custo objetivo, em que serão implementados vários cenários em função de um certo número de parâmetros meteorológicos e financeiros.

Este projeto começou com sistemas eólicos, onde propus uma nova modelação e um novo sistema de controlo que tem em conta a saturação magnética, o que aproxima ainda mais o modelo proposto do sistema real e requer menos comutação nos disparos do conversor. Para validar esta proposta, é efectuada uma comparação para provar a superioridade da lei de controlo proposta em relação aos controlos convencionais. Para uma melhor gestão do sistema eólico numa rede inteligente, é necessário diagnosticar o estado de saúde da máquina em tempo real, sendo este o contexto do nosso segundo trabalho, que se centra na identificação dos parâmetros internos da máquina assíncrona, A variação destes parâmetros pode fornecer-nos informações em tempo real sobre o estado da máquina, de modo a podermos gerar alarmes ou acções de manutenção preventiva, tudo isto sem integrar sensores físicos que reduzem a fiabilidade da máquina, exigindo um controlo e uma calibração periódicos, ou mesmo a sua substituição em caso de desgaste.

Os modelos matemáticos de sistemas físicos são geralmente representados através da anulação da matriz singular na representação do estado. Esta simplificação gera um desfasamento entre o sistema físico e a sua representação matemática. Este é o tema do nosso terceiro projeto, que se centra na representação singular dos sistemas físicos, acrescentando atrasos que podem ser causados pelo sensor, tempo de transmissão de dados, tempo de processamento, etc.

A minha entrada no laboratório GEITIIL permitiu-me abordar temas ligados ao domínio da logística, onde trouxe o meu toque de automaticista para a gestão dos sistemas logísticos, o que deu origem a um trabalho de modelização e de controlo do nível de stock num armazém, onde o objetivo é gerar automaticamente os momentos de lançamento dos reabastecimentos mais optimizados em termos de custo e de tempo.

Ao mesmo tempo, foram lançados no ano passado quatro outros temas de tese para completar a equipa, que se concentrará principalmente na realização de trabalhos de investigação sobre o projeto de redes inteligentes. O presente documento divide-se em três secções:

O primeiro eixo divide-se em duas partes, a primeira das quais diz respeito à modelação e controlo de um aerogerador baseado numa máquina assíncrona de dupla alimentação MADA, tendo em conta o comportamento de histerese do seu circuito magnético. A segunda parte é dedicada à identificação dos parâmetros internos do motor assíncrono utilizando o filtro de Kalman. O objetivo deste estudo é localizar a variação dos parâmetros para diagnosticar a probabilidade de avarias.

O segundo eixo diz respeito essencialmente ao estudo da viabilidade das matrizes que constituem a representação singular dos sistemas físicos com atraso. O objetivo deste estudo é propor modelos tão próximos quanto possível dos sistemas reais.

O terceiro eixo centra-se na regulação dos níveis de stock num armazém. O principal objetivo deste estudo é determinar os momentos em que os reabastecimentos devem ser lançados, a fim de otimizar os tempos de preparação, o fornecimento de prateleiras de armazenamento, o número de movimentos e o espaço de armazenamento principal.

Os trabalhos realizados pela nossa equipa foram publicados em revistas internacionais indexadas e apresentados em conferências internacionais.

Axe 1. Identificação, modelização e controlo de máquinas eléctricas

Capítulo I: **Estudo comparativo entre o controlo ótimo do fluxo e da velocidade do DFIG na presença de histerese magnética e as estratégias de controlo convencionais para sistemas de energia eólica**

Resumo do Capítulo I:

No domínio dos sistemas de energia eólica, o objetivo de controlo mais frequentemente abordado pelos autores é o controlo da velocidade e do fluxo do gerador de indução de dupla alimentação (DFIG). Por razões de complexidade computacional, a representação matemática do gerador é geralmente modelada assumindo uma caraterística magnética linear. Com base neste pressuposto, o controlo do fluxo do rotor terá como objetivo seguir uma referência de fluxo fixa, principalmente o seu valor nominal. A desvantagem desta estratégia é que, na prática, ao negligenciar a não linearidade da caraterística magnética do gerador, não é possível obter um controlo de desempenho ótimo.

Neste estudo, ao considerar a histerese do fluxo magnético e a caraterística de saturação, é apresentada uma nova modelação do DFIG. Além disso, um novo controlador Backstepping com velocidade e fluxo óptimos é concebido com base na teoria de Lyapunov. Para comprovar o seu desempenho, será efectuado um estudo comparativo com diferentes estratégias de controlo. As simulações, tendo em conta uma vasta gama de variações da velocidade do vento, são efectuadas em ambiente Matlab/Simulink.

I.1.1 Introdução ao capítulo

Nas últimas décadas, as energias renováveis, incluindo as turbinas eólicas, têm atraído grande atenção em todo o mundo. Independentemente do seu desempenho épico, as turbinas eólicas baseadas em DFIG são complexas e a conceção das suas leis de controlo é um desafio [7], uma vez que o modelo considerado é multi-variável e altamente não-linear.

O controlo do DFIG utilizando um controlador linear ou não linear tem sido objeto de vários estudos anteriores [6-10]. O objetivo do controlo de velocidade e regulação de fluxo para MPPT é o tópico mais discutido na literatura. No entanto, os controladores propostos funcionam como esperado quando se assume uma caraterística magnética linear. Na prática, este pressuposto não é realista [3, 4, 5], uma vez que a caraterística magnética do DFIG é não-linear e apresenta erros e oscilações adversas [15] devido à histerese e à saturação produzidas pelo material magnético. No entanto, se a regulação do fluxo do rotor for realizada perto de um valor nominal constante, os modelos padrão (ignorando a não linearidade magnética) podem ainda ser utilizados no projeto do controlo de velocidade. Somente quando o torque aerodinâmico está próximo do valor nominal do torque eletromagnético do DFIG é que a eficiência do DFIG atinge seu máximo. No entanto, o torque aerodinâmico geralmente não é fixado a priori e pode estar sujeito a grandes variações em aplicações reais, devido à considerável variação na velocidade do vento.

Para resolver os problemas acima referidos, foi desenvolvido um novo sistema de controlo da velocidade, que utiliza o ajuste em linha da referência de fluxo do rotor para seguir a referência de velocidade óptima na presença de variações significativas da velocidade do vento. Nestas circunstâncias, a referência de fluxo óptima também sofrerá variações consideráveis de gama, o que significa desvios consideráveis do ponto de funcionamento na caraterística magnética. Por conseguinte, a conceção do controlador deve basear-se num modelo que tenha em conta a não-linearidade do circuito magnético da máquina, a fim de proporcionar um elevado desempenho de controlo, independentemente do modo de funcionamento do DFIG. Esta não-linearidade é caracterizada por histerese e saturação.

Tanto quanto sabemos, nenhum trabalho científico se debruçou ainda sobre o controlo MPPT do DFIG sob fenómenos de saturação/histerese. Em [12]-[13], foram desenvolvidos controladores não lineares para um sistema eólico tendo em conta apenas a saturação magnética (negligenciando o efeito de histerese). Este pressuposto torna relativamente fácil o desenvolvimento do modelo do DFIG e a síntese do controlador MPPT. No entanto, na prática, a histerese degrada o desempenho esperado do sistema eólico (problemas de precisão e oscilação).

Foram desenvolvidos numerosos modelos matemáticos de histerese para descrever os fenómenos de histerese. Estes modelos podem ser classificados da seguinte forma:

a) Modelos de histerese baseados em operadores, como o modelo de Preisach e o modelo de Prandtl-Ishlinskii, em que um número infinito de operadores histeréticos está envolvido no seu modelo integral, o que implica uma elevada complexidade computacional [3].

b) Modelos de histerese baseados em equações diferenciais, como o modelo de Backlash, o modelo de Bouc-Wen ou o modelo de Duhem, em que o número finito de operadores histeréticos pode ser facilmente alargado a entradas contínuas utilizando a aproximação e um processo de limitação, evitando a complexidade computacional [3].

No presente trabalho, considera-se um caso especial do modelo de Duhem, o modelo de Coleman-hudgdon [2], para descrever a caraterística magnética não linear. Este modelo revelou-se muito prático para modelar a histerese em materiais ferromagnéticos [2, 14].

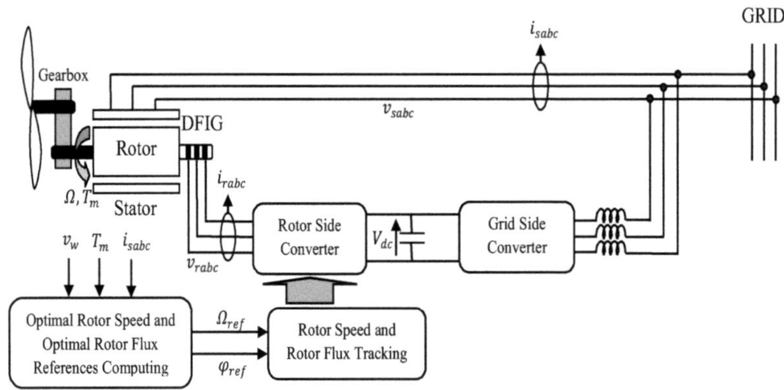

Fig.1. Diagrama geral do sistema de energia eólica em análise

A não linearidade da caraterística magnética será tida em conta quando for construído um modelo revisto para o DFIG neste trabalho. Além disso, um novo controlador para o sistema eólico considerado é desenvolvido com base neste novo modelo. Os dois objectivos de controlo são: i) seguir a referência óptima da velocidade do rotor do DFIG (para efeitos de MPPT); ii) seguir a referência óptima do fluxo do rotor do DFIG.

A otimização do fluxo do rotor implica a minimização da corrente do estator, o que reduzirá as perdas joule do estator. O controlador de velocidade/fluxo do DFIG criado utilizando a técnica backstepping revela-se muito diferente das estratégias de controlo convencionais do DFIG que consideram referências de fluxo constantes e assumem uma caraterística magnética linear. Apesar das variações na velocidade do vento, é formalmente demonstrado que o controlador recentemente desenvolvido é globalmente estável de forma assintótica e aplica a velocidade e o fluxo para traçar exatamente a sua trajetória de referência flutuante.

Para demonstrar o valor da tomada em consideração dos fenómenos de saturação/histerese na conceção do controlador, o desempenho de um controlador convencional (negligenciando a saturação/histerese) será avaliado por simulação, em comparação com o do novo controlador proposto. Além disso, para verificar a robustez do sistema de energia eólica proposto, o desempenho do controlador será inspeccionado na presença de várias falhas na rede eléctrica (quedas de tensão, desvios de frequência e variações de carga).

Este capítulo está organizado da seguinte forma: A Secção 2 descreve a caraterização da histerese magnética em máquinas de indução. A secção 3 descreve o modelo da máquina de indução; o controlador de velocidade/caudal da máquina é concebido e analisado na secção 4; o desempenho do controlador é ilustrado por simulações na secção 5.

I.1.2 Caracterização da histerese de saturação magnética em máquinas assíncronas

O modelo Coleman-Hodgdon deriva do modelo Duhem, que foi proposto para a histerese ativa em 1897 [2]. Utilizando uma abordagem fenomenológica, este modelo de histerese de equação diferencial centra-se no facto de a saída só poder mudar de carácter quando a entrada muda de direção. Nesta secção, o modelo Coleman-Hodgdon e as suas propriedades são brevemente introduzidos [1].

Um modelo de histerese diferencial pode ser representado pelo modelo de histerese de Duhem. O modelo de histerese magnética de Duhem foi amplamente estudado por Coleman e Hodgdon. Para facilitar a utilização, este tipo de modelo de Duhem será referido como modelo CH ao longo deste estudo [1]. Pode ser representado em termos do modelo CH como :

$$\frac{d\varphi_\mu}{dt} = \frac{1}{2}\left(g_1(i_\mu,\varphi_\mu) - g_2(i_\mu,\varphi_\mu)\right)\left|\frac{di_\mu}{dt}\right| + \frac{1}{2}\left(g_1(i_\mu,\varphi_\mu) - g_2(i_\mu,\varphi_\mu)\right)\frac{di_\mu}{dt}, \forall t \in (0,T) \quad (I.1)$$

$$\varphi_\mu(0) = \varphi_{\mu 0} \quad (I.2)$$

$$g_1 = g(i_\mu) + \alpha\left(f(i_\mu) - \varphi_\mu\right) \quad (I.3)$$

$$g_2 = g(i_\mu) - \alpha(f(i_\mu) - \varphi_\mu) \quad \text{(I.4)}$$

Introduzindo (3), (4) em (1), obtemos:

$$\frac{d\varphi_\mu}{dt} = \alpha \left|\frac{di_\mu}{dt}\right| [f(i_\mu) - \varphi_\mu] + \frac{di_\mu}{dt} g(i_\mu) \quad \text{(I.5)}$$

ondeαé uma constante positiva, e as três condições devem ser satisfeitas.

- ***Condição 1:*** *f*(.) é contínua por partes, monotonicamente crescente, com $\lim_{i_\mu \to \infty} f'(i_\mu)$ finito;
- ***Condição 2:*** *g*(.) é contínua por partes, com $\lim_{i_\mu \to \infty} g(i_\mu) = \lim_{i_\mu \to \infty} f'(i_\mu)$
- ***Condição 3***: Para todos os$i_\mu > 0,\ f'(i_\mu) > g(i_\mu) > \alpha e^{\alpha i_\mu} \int_{i_\mu}^{\infty} |f'(\zeta) - g(\zeta)| e^{-\alpha\zeta}\, d\zeta$

Para ilustrar o caso estudado anteriormente para o gerador considerado neste trabalho, as funções correspondentes f(.),g(.) do modelo C-H são escolhidas da seguinte forma:

$$f(i_\mu) = c \tanh(i_\mu) + a i_\mu \quad \text{(I.6)}$$

$$g(i_\mu) = f'(i_\mu)(1 - be^{-|i_\mu|}) \quad \text{(I.7)}$$

Note-se que as funções f(.) e g(.) satisfazem as três condições acima apresentadas. As medições experimentais da caraterística magnética podem ser utilizadas para calcular os parâmetros c e α. A forma do ciclo de histerese obtido é mostrada na Fig.2.

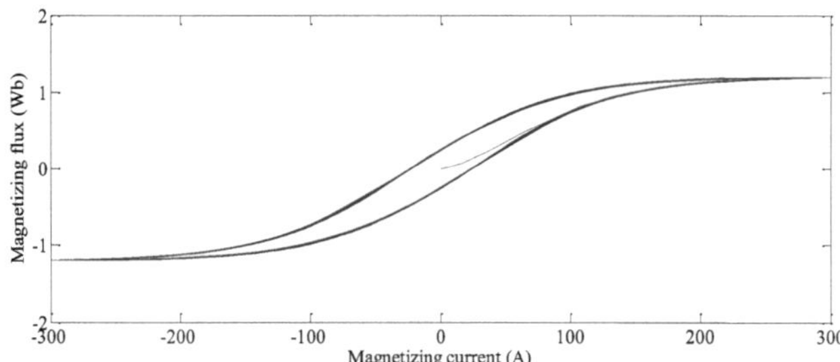

Fig.2. Curva de histerese dada pelo modelo C-H para a 1ª fase.

I.1.3 Modelo de gerador assíncrono de alimentação dupla

A. Equações eléctricas e de fluxo para máquinas de corrente alternada

O gerador de indução duplamente alimentado pode ser modelado pelas suas equações eléctricas e mecânicas. Será utilizado um quadro de referência estacionário (α, β) para desenvolver o modelo de controlo apresentado neste estudo. As equações da máquina eléctrica CA são dadas por :

- Equações eléctricas do estator [9]

$$V_{s\alpha} = R_s i_{s\alpha} + \frac{d\varphi_{s\alpha}}{dt} \quad (I.8)$$

$$V_{s\beta} = R_s i_{s\beta} + \frac{d\varphi_{s\beta}}{dt} \quad (I.9)$$

- Equações eléctricas do rotor [9]

$$V_{r\alpha} = R_r i_{r\alpha} + \frac{d\varphi_{r\alpha}}{dt} + \omega\varphi_{r\beta} \quad (I.10)$$

$$V_{r\beta} = R_r i_{r\beta} + \frac{d\varphi_{r\beta}}{dt} - \omega\varphi_{r\alpha} \quad (I.11)$$

Do mesmo modo, as componentes (α,β) dos fluxos do estator e do rotor verificam-se [9] :

$$\varphi_{s\alpha} = L_s i_{s\alpha} + \varphi_{\mu\alpha} \quad (I.12)$$

$$\varphi_{s\beta} = L_s i_{s\beta} + \varphi_{\mu\beta} \quad (I.13)$$

$$\varphi_{r\alpha} = \varphi_{\mu\alpha} \quad (I.14)$$

$$\varphi_{r\beta} = \varphi_{\mu\beta} \quad (I.15)$$

as componentes (α, β) das correntes magnetizantes satisfazem :$i_{r\alpha} = i_{\mu\alpha} - i_{s\alpha}$ (I.16)

$$i_{r\beta} = i_{\mu\beta} - i_{s\beta} \quad (I.17)$$

O modelo clássico do espaço de estados do DFIG é normalmente apresentado com este vetor $X = \left[i_{s\alpha}, i_{s\beta}, \varphi_{r\alpha}, \varphi_{r\beta}, \Omega\right]^T$ [11], mas para introduzir o carácter de histerese no modelo de espaço de estados, o vetor X será aumentado pelas componentes (α, β) da corrente de magnetização i_μ. O novo vetor de estado considerado é dado por :

$$X = \left[i_{s\alpha}, i_{s\beta}, \varphi_{r\alpha}, \varphi_{r\beta}, \Omega, i_{\mu\alpha}, i_{\mu\beta}\right]^T \quad (I.18)$$

B. Equações de estado do fluxo do rotor

A dinâmica do fluxo no rotor é dada pelas equações (10) - (11). No entanto, estas envolvem as componentes (α, β) da corrente do rotor. Estas não são consideradas como variáveis de estado (ver 18). Tentaremos exprimi-las em termos das componentes do vetor X.

Substituindo (16)-(17) em (10)-(11) obtém-se as equações de estado para os fluxos do rotor.

$$\frac{d\varphi_{r\alpha}}{dt} = V_{r\alpha} - R_r i_{\mu\alpha} + R_r i_{s\alpha} - \omega\varphi_{r\beta} \quad (I.19)$$

$$\frac{d\varphi_{r\beta}}{dt} = V_{r\beta} - R_r i_{\mu\beta} + R_r i_{s\beta} + \omega\varphi_{r\alpha} \quad (I.20)$$

C. Equações de corrente para o estator :

Introduzindo (12) - (13) em (8) - (9), pode deduzir-se a dinâmica das correntes no estator:

$$\frac{di_{s\alpha}}{dt} = -\frac{R_s}{L_s} i_{s\alpha} + \frac{1}{L_s} V_{s\alpha} - \frac{1}{L_s}\frac{d\varphi_{\mu\alpha}}{dt} \quad (I.21)$$

$$\frac{di_{s\beta}}{dt} = -\frac{R_s}{L_s} i_{s\beta} + \frac{1}{L_s} V_{s\beta} - \frac{1}{L_s}\frac{d\varphi_{\mu\beta}}{dt} \quad (I.22)$$

Como as componentes (α, β) do fluxo magnético não são consideradas como variáveis de estado, então, introduzindo (14) - (15), (16) - (17) em (19) - (20), obtém-se

$$\frac{di_{s\alpha}}{dt} = -\frac{R_s}{L_s} i_{s\alpha} + \frac{1}{L_s} V_{s\alpha} - \frac{1}{L_s}\left[V_{r\alpha} - R_r i_{\mu\alpha} + R_r i_{s\alpha} - \omega\varphi_{r\beta}\right] \quad (I.23)$$

$$\frac{di_{s\beta}}{dt} = -\frac{R_s}{L_s} i_{s\beta} + \frac{1}{L_s} V_{s\beta} - \frac{1}{L_s}\left[V_{r\beta} - R_r i_{\mu\beta} + R_r i_{s\beta} + \omega\varphi_{r\alpha}\right] \quad (I.24)$$

C. Equações de estado da velocidade do rotor :

O binário eletromagnético T_m fornecido pelo gerador é dado por [9] :

$$T_m = p\left(\varphi_{s\alpha} i_{s\beta} - \varphi_{s\beta} i_{s\alpha}\right) \quad (I.25)$$

Utilizando as equações de fluxo (12) - (13), o binário eletromagnético pode ser expresso em função das componentes (α, β) do fluxo do rotor (consideradas como variáveis de estado), nomeadamente

$$T_m = p\left(\varphi_{r\alpha} i_{s\beta} - \varphi_{r\beta} i_{s\alpha}\right) \quad (I.26)$$

Aplicando o princípio da dinâmica rotacional, podemos derivar a equação de estado para a velocidade do rotor

$$\frac{d\Omega}{dt} = \frac{p}{J}\left(\varphi_{r\alpha}i_{s\beta} - \varphi_{r\beta}i_{s\alpha}\right) - \frac{T_L}{J} - \frac{f}{J}\Omega \qquad (I.27)$$

D. Equações de estado da corrente de magnetização

A histerese é tida em conta pelo modelo C-H definido em (5). Este modelo exprime a dinâmica do fluxo magnetizante. Por conveniência, este modelo é utilizado novamente neste parágrafo.

$$\frac{d\varphi_{\mu k}}{dt} = \frac{di_{\mu k}}{dt}\left(\alpha sign\left(\dot{i}_{\mu k}\right)\left[f\left(i_{\mu k}\right) - \varphi_{\mu k}\right] + g\left(i_{\mu k}\right)\right) \qquad (I.28)$$

onde k=1,2,3 representa as diferentes fases. Caso contrário, é fácil verificar (referindo-se ao ciclo de histerese Fig.2) que o sentido de variação da corrente $i_{\mu k}$ é idêntica à direção da variação do fluxo $\varphi_{\mu k}$. Consequentemente, temos

$$sign\left(\dot{i}_{\mu k}\right) = sign\left(\dot{\varphi}_{\mu k}\right) \qquad (I.29)$$

Vamos definir h como a quantidade

$$h\left(i_{\mu k}, \varphi_{\mu k}, \dot{i}_{\mu k}\right) = \frac{1}{\left(\alpha sign\left(\dot{i}_{\mu k}\right)\left[f\left(i_{\mu k}\right) - \varphi_{\mu k}\right] + g\left(i_{\mu k}\right)\right)} \qquad (I.30)$$

onde

$$\frac{di_{\mu k}}{dt} = h\left(i_{\mu k}, \varphi_{\mu k}, \dot{i}_{\mu k}\right)\frac{d\varphi_{\mu k}}{dt} \qquad (I.31)$$

A aplicação da transformação Concordia direta e inversa ao sistema trifásico definido por (31), implica:

$$\frac{d}{dt}\begin{bmatrix} i_{\mu\alpha} \\ i_{\mu\beta} \end{bmatrix} = C_{23}\begin{bmatrix} h_1 & 0 & 0 \\ 0 & h_2 & 0 \\ 0 & 0 & h_3 \end{bmatrix} * C_{32}\frac{d}{dt}\begin{bmatrix} \varphi_{\mu\alpha} \\ \varphi_{\mu\beta} \end{bmatrix} \qquad (I.32)$$

Onde $h_k$pode ser definido como

$$h_k = h\left(i_{\mu k}, \varphi_{\mu k}, \dot{i}_{\mu k}\right) \qquad (I.33)$$

Substituindo (14), (15), (19) e (20) na equação vetorial (32), constroem-se as seguintes duas equações de espaço de estados, a sexta e a sétima, da máquina CA:

$$\frac{di_{\mu\alpha}}{dt} = \frac{1}{6}(4h_1 + h_2 + h_3)(V_{r\alpha} - R_r i_{\mu\alpha} + R_r i_{s\alpha} - \omega\varphi_{r\beta}) - \frac{\sqrt{3}}{6}(h_2 - h_3)(V_{r\beta} - R_r i_{\mu\beta} + R_r i_{s\beta} - \omega\varphi_{r\alpha}) \quad (I.34)$$

$$\frac{di_{\mu\beta}}{dt} = -\frac{\sqrt{3}}{6}(h_2 - h_3)(V_{r\alpha} - R_r i_{\mu\alpha} + R_r i_{s\alpha} - \omega\varphi_{r\beta}) + \frac{1}{2}(h_2 + h_3)(V_{r\beta} - R_r i_{\mu\beta} + R_r i_{s\beta} - \omega\varphi_{r\alpha}) \quad (I.35)$$

As equações (19), (20), (23), (24), (27), (34) e (35) representam o modelo de espaço de estados estabelecido para o DFIG. Para uma forma mais compacta, considere o seguinte modelo de espaço de estados:

$$\dot{X} = F(X) + Gu \quad (I.36)$$

$$y = \lambda(X) = \begin{bmatrix} \Omega \\ \varphi_{r\alpha}^2 + \varphi_{r\beta}^2 \end{bmatrix} \quad (I.37)$$

Com :

$$X = [i_{s\alpha}, i_{s\beta}, \varphi_{r\alpha}, \varphi_{r\beta}, \Omega, i_{\mu\alpha}, i_{\mu\beta}]^T \quad (I.38)$$

$$u = [V_{r\alpha}, V_{r\beta}]^T \quad (I.39)$$

$$G = \begin{bmatrix} -\frac{1}{L_s} & 0 & 1 & 0 & 0 & 0 & 0 \\ 0 & -\frac{1}{L_s} & 0 & 1 & 0 & 0 & 0 \end{bmatrix}^T \quad (I.40)$$

$$F(X) = \begin{bmatrix} -\frac{R_s}{L_s} i_{s\alpha} + \frac{1}{L_s} V_{s\alpha} - \frac{1}{L_s}[-R_r i_{\mu\alpha} + R_r i_{s\alpha} - \omega\varphi_{r\beta}] \\ -\frac{R_s}{L_s} i_{s\beta} + \frac{1}{L_s} V_{s\beta} - \frac{1}{L_s}[-R_r i_{\mu\beta} + R_r i_{s\beta} + \omega\varphi_{r\alpha}] \\ -R_r i_{\mu\alpha} + R_r i_{s\alpha} - \omega\varphi_{r\beta} \\ -R_r i_{\mu\beta} + R_r i_{s\beta} + \omega\varphi_{r\alpha} \\ \frac{P}{J}(\varphi_{r\alpha} i_{s\beta} - \varphi_{r\beta} i_{s\alpha}) - \frac{T_L}{J} \\ f_6(X) \\ f_7(X) \end{bmatrix} \quad (I.41)$$

Com :

$$f_6(X) = \frac{1}{6}(4h_1 + h_2 + h_3)(V_{r\alpha} - R_r i_{\mu\alpha} + R_r i_{s\alpha} - \omega\varphi_{r\beta}) - \frac{\sqrt{3}}{6}(h_2 - h_3)(V_{r\beta} - R_r i_{\mu\beta} + R_r i_{s\beta} - \omega\varphi_{r\alpha}) \quad (I.42)$$

$$f_7(X) = -\frac{\sqrt{3}}{6}(h_2 - h_3)(V_{r\alpha} - R_r i_{\mu\alpha} + R_r i_{s\alpha} - \omega\varphi_{r\beta}) + \frac{1}{2}(h_2 + h_3)(V_{r\beta} - R_r i_{\mu\beta} + R_r i_{s\beta} - \omega\varphi_{r\alpha}) \quad (I.43)$$

I.1.4 Conceção e análise do regulador de velocidade e de caudal

Existem dois elementos principais em qualquer estratégia de controlo do DFIG:

i) O gerador de referência do fluxo do rotor utilizado

ii) O modelo do DFIG considerado na conceção do controlador.

Neste contexto, dependendo da forma como estes componentes são concebidos, estão previstas quatro estratégias de controlo (ver quadro 2).

Tabela 4. Diferentes estratégias de controlo da velocidade.

		Gerador de fluxo de referência	
		Caudal nominal	Fluxo ótimo
Modelo de caraterísticas magnéticas	Linear	*LMC-NF*	*LMC-OF*
	Histerético	*HMC-NF*	*HMC-OF*

Na literatura existente, a estratégia de controlo de DFIG mais popular é a LMC-NF, que se caracteriza por uma referência de fluxo constante não óptima e um controlador MPPT baseado no modelo magnético linear. Neste caso, a referência de fluxo constante deve normalmente receber o valor nominal do fluxo da máquina. O desempenho do controlo resultante não é satisfatório do ponto de vista energético, particularmente a baixas velocidades do vento.

A estratégia de controlo LMC-OF é caracterizada por uma referência de fluxo variável, que é calculada considerando a corrente mínima do estator para cada valor de binário. A principal vantagem desta configuração é minimizar as perdas joule do estator, o que permitirá extrair mais potência do gerador. O regulador de velocidade é concebido tendo em conta uma caraterística magnética histerética linear.

A estratégia de controlo HMC-NF (ver quadro 2) é caracterizada por um ponto de regulação de fluxo constante. O regulador de velocidade é concebido tendo em conta a caraterística magnética histerética. Esta estratégia é praticamente inútil, uma vez que não se obtém qualquer vantagem da complexidade do modelo se a referência de fluxo for mantida constante.

Este capítulo centra-se na nova estratégia de controlo (HMC-OF) que consiste na conceção de um gerador de referência de fluxo ótimo e de um controlador MPPT (Fig.5). Este último é concebido com base no modelo não linear (36)-(43), que tem em conta a caraterística histerética da caraterística magnética do DFIG. A otimização da referência de fluxo deve garantir a minimização da corrente do estator necessária para produzir o binário eletromagnético máximo correspondente a uma dada velocidade do vento. A estratégia de controlo proposta é apresentada em detalhe nas subsecções 4.1 e 4.2.

A . Gerador ótimo de referência de velocidade e de referência de caudal:

a) Cálculo da referência de caudal ideal

A conceção do algoritmo de referência de fluxo ótimo consiste em apresentar a corrente óptima do estator em função do fluxo do rotor para cada valor de binário mecânico. Para este efeito, a representação do binário mecânico numa estrutura de referência d-q parece mais interessante do ponto de vista computacional.

Se orientarmos a componente d do quadro de referência de acordo com o fluxo do rotor, a componente q do fluxo é zero e todas as variáveis de estado são constantes em estado estacionário.

De acordo com $\varphi_{rq} = 0$ a equação do binário passa a ser

$$T_m = p\varphi_r i_{sq} \tag{I.44}$$

a partir de (23)-(24), as componentes d-q das tensões do estator em estado estacionário são dadas por

$$V_{sd} = R_s i_{sd} - \omega_s \varphi_{sq} \quad \text{(I.45}$$

$$V_{sq} = R_s i_{sq} + \omega_s \varphi_{sd} \tag{I.46}$$

Substituindo (12)-(13) em (45)-(46), temos:

$$V_{sd} = R_s i_{sd} - l_s \omega_s i_{sq} \quad \text{(I.47)}$$

$$V_{sq} = R_s i_{sq} + \omega_s (l_s i_{sd} + \varphi_r) \quad \text{(I.48)}$$

A ligação direta do estator à rede conduz à seguinte igualdade :

$$V_{smax}^2 = V_{sd}^2 + V_{sq}^2 \quad \text{(I.49)}$$

Substituindo (47) e (48) em (49) obtém-se :

$$V_{smax}^2 = [R_s^2 + l_s^2 \omega_s^2] i_{sd}^2 + 2\omega_s l_s \varphi_r i_{sd} + [l_s^2 \omega_s^2 + R_s^2] i_{sq}^2 + 2R_s \omega_s \varphi_r i_{sq} + \omega_s^2 \varphi_r^2 \quad \text{(I.50)}$$

Introduzindo (44) em (50), a componente d da corrente do estator verifica-se

$$i_{sd} = -\frac{\omega_s l_s \varphi_r}{[R_s^2 + l_s^2 \omega_s^2]} + \sqrt{\left[\frac{\omega_s l_s \varphi_r}{[R_s^2 + l_s^2 \omega_s^2]}\right]^2 + \frac{V_{smax}^2}{[R_s^2 + l_s^2 \omega_s^2]} - \left(\frac{T_m}{p\varphi_r}\right)^2 - \frac{2R_s \omega_s \varphi_r}{[R_s^2 + l_s^2 \omega_s^2]} \frac{T_m}{p\varphi_r} - \frac{\omega_s^2}{[R_s^2 + l_s^2 \omega_s^2]} \varphi_r^2} \quad \text{(I.51)}$$

Consideremos I_s a norma da corrente do estator, então$I_s = \sqrt{{i_{sd}}^2 + {i_{sq}}^2}$ (I.52)

Utilizando (50) e (58), a norma da corrente do estator resultante pode ser dada por

$$I_s = \sqrt{\left[-\frac{\omega_s l_s \varphi_r}{[R_s^2 + l_s^2 \omega_s^2]} + \sqrt{\left[\frac{\omega_s l_s \varphi_r}{[R_s^2 + l_s^2 \omega_s^2]}\right]^2 + \frac{V_{smax}^2}{[R_s^2 + l_s^2 \omega_s^2]} - \left(\frac{T_m}{p\varphi_r}\right)^2 - \frac{2R_s \omega_s \varphi_r}{[R_s^2 + l_s^2 \omega_s^2]} \frac{T_m}{p\varphi_r} - \frac{\omega_s^2}{[R_s^2 + l_s^2 \omega_s^2]} \varphi_r^2}\right]^2 +} \sqrt{\left[\frac{T_m}{p\varphi_r}\right]^2} \quad \text{(I.53)}$$

A equação (53) exprime I_s em função de T_me φ_r.

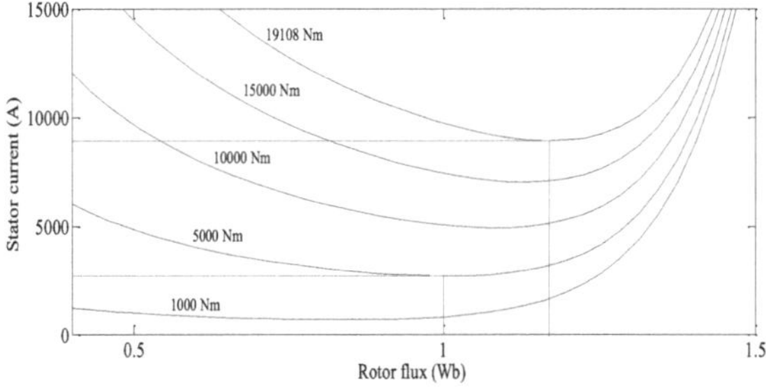

Fig.3. Curvas de binário (19108, 15000, 10000, 5000 e 1000Nm) cada curva designa um valor mínimo de corrente correspondente ao fluxo ótimo.

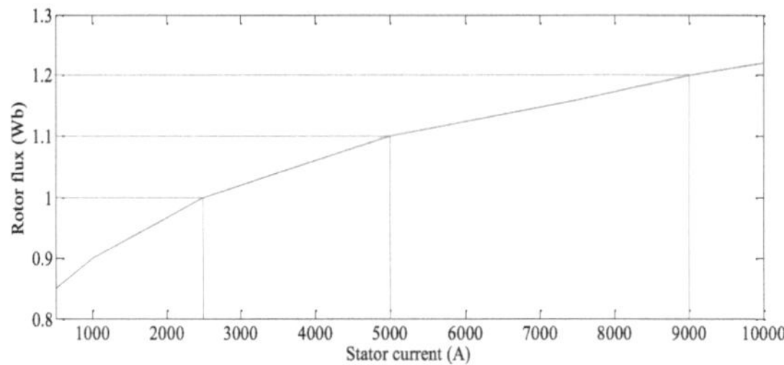

Fig.4. Caraterística óptima do fluxo de corrente (OCF)

Uma amostra de 9 valores de binário relevantes T_{m_j} (j=1,...,9) foi selecionada a priori e os correspondentes mínimos globais$(\varphi^*_{T_{m_j}}, I^*_{T_{m_j}})$ podem ser determinados graficamente como se mostra na Fig.4, onde todas as curvas correspondem à máquina de indução caracterizada pelos parâmetros numéricos da Tabela 3. Ao fazê-lo, um conjunto de 9 mínimos globais$(\varphi^*_{T_{m_j}}, I^*_{T_{m_j}})$ (j=1,...,9) foi obtido. O conjunto de pontos mínimos foi ajustado, no sentido dos mínimos quadrados, por uma função polinomial de ordem n, designada por F(.). O grau n=5 revelou-se adequado para os dados em causa. O polinómio resultante é designado por :

$$F(I_s) = \theta_n I_s^n + \theta_{n-1} I_s^{n-1} + \cdots + \theta_1 I_s + \theta_0 \quad (I.54)$$

Tabela.5. Coeficientes do polinómio F(.)

Índice	**Valor**	**Índice**	**Valor**	**Índic e**	**Valor**
θ_0	0.85	θ_1	−0.0612	θ_2	0.4986
θ_3	−1.719	θ_4	3.1370	θ_5	−2.8389

b) Referência de velocidade óptima :

A principal vantagem de trabalhar com uma referência de velocidade variável é que a escolha da referência pode ser optimizada para extrair a máxima potência disponível. Além disso, garante uma eficiência aerodinâmica óptima.

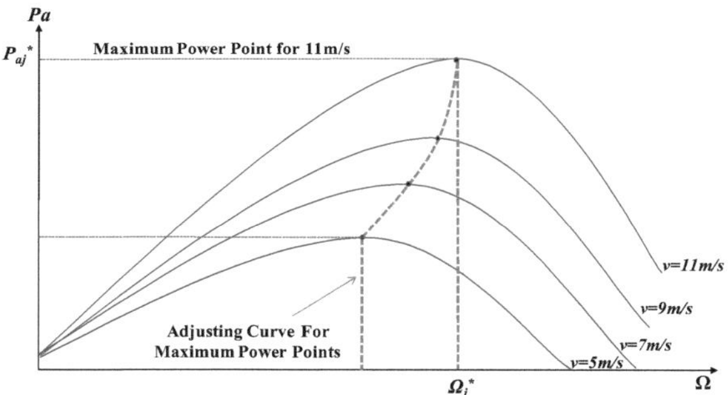

Fig.5. A forma da potência aerodinâmica em função da velocidade do rotor para diferentes valores de velocidade do vento. MPP realçado

Para uma dada velocidade do vento, existe uma única referência de velocidade óptima do rotor da qual se pode extrair a potência mecânica máxima (ver Fig.5). Para este efeito, foi selecionada a priori uma amostra de 20 valores relevantes de velocidade do vento v_j $(j = 1, \dots, 20)$ foi selecionada a priori e os máximos globais correspondentes (Ω_j^*, P_{aj}^*) correspondentes podem ser determinados graficamente [11]. Para o efeito, foi construído um conjunto de 20 pontos $(\Omega_{rj}^*, P_{aj}^*)(j = 1, \dots, 20)$ foi construído. Em seguida, construiu-se uma função polinomial de ordem n R(.), que se ajusta ao conjunto de pontos no sentido dos mínimos quadrados. $(\Omega_{rj}^*, P_{aj}^*)$ pontos, foi construída. Para a turbina eólica em análise, caracterizada pelos parâmetros numéricos da Tabela 2 e pela forma de $C_P(\lambda)$apresentada em [11], o grau n=4 revelou-se adequado para os dados considerados. O polinómio assim construído é notado :

$$R(v) = w_4 v^4 + w_3 v^3 + w_2 v^2 + w_1 v + w_0 \tag{I.55}$$

Em que os coeficientes w_j têm os valores numéricos indicados na Tabela 4. Para o sistema de energia eólica em consideração, a forma de R(v) é representada na Fig.6, que será referida como a caraterística de potência óptima da velocidade do vento (OWRS).

Tabela 6. Valores numéricos dos coeficientes do polinómio $R(v)$.

Índice	Valor	Índice	Valor	Índice	Valor
w_0	45	w_2	9.996	w_4	-0.002

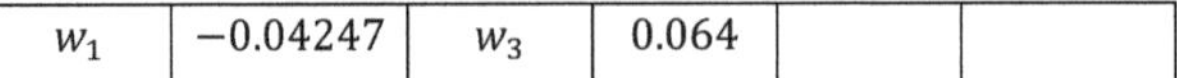

w_1	-0.04247	w_3	0.064		

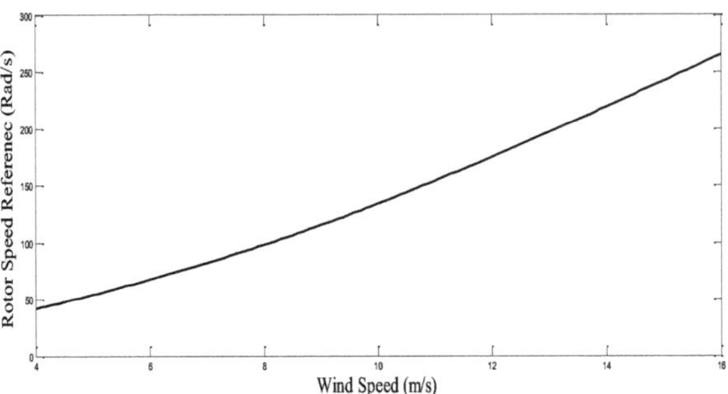

Fig.6. Caraterística óptima da velocidade do vento-velocidade do rotor (OWRS).

B. Análise da velocidade do rotor e conceção do controlador de fluxo

Estamos interessados no problema do controlo da velocidade do rotor e da norma de fluxo para o gerador de indução duplamente alimentado descrito pelo modelo (36-43) que tem em conta a saturação e a histerese da caraterística magnética. As referências de velocidade e de fluxo (Ω_{ref},φ_{ref}) são funções limitadas e deriváveis do tempo e as suas duas primeiras derivadas estão disponíveis e são limitadas. Estas condições podem sempre ser satisfeitas filtrando a referência através de filtros lineares de segunda ordem.

O controlador será agora projetado em duas fases utilizando a técnica de retrocesso. Primeiro, vamos introduzir os erros de rastreamento:

$$e_1 = \Omega_{ref} - \Omega \tag{I.56}$$

$$z_1 = \varphi_{ref}^2 - \left(\varphi_{r\alpha}^2 + \varphi_{r\beta}^2\right) \tag{I.57}$$

Passo 1: Decorre de (36)-(43) que os erros e_1 e z_1 são submetidos às seguintes equações diferenciais:

$$\dot{e}_1 = \dot{\Omega}_{ref} - \frac{P}{J}\left(\varphi_{r\alpha}i_{s\beta} - \varphi_{r\beta}i_{s\alpha}\right) + \frac{T_L}{J} \tag{I.58}$$

$$\dot{z}_1 = 2\varphi_{ref}\dot{\varphi}_{ref} - 2\varphi_{r\alpha}\dot{\varphi}_{r\alpha} - 2\varphi_{r\beta}\dot{\varphi}_{r\beta} \tag{I.59}$$

Substituindo (19)-(20) em (59) obtém-se

$$\dot{z}_1 = 2\varphi_{ref}\dot{\varphi}_{ref} - 2\varphi_{r\alpha}V_{r\alpha} - 2\varphi_{r\beta}V_{r\beta} + 2R_r\left(\varphi_{r\alpha}i_{\mu\alpha} + \varphi_{r\beta}i_{\mu\beta}\right) - 2R_r\left(\varphi_{r\alpha}i_{s\alpha} + \varphi_{r\beta}i_{s\beta}\right) \tag{I.60}$$

Nas equações (58), as quantidades $\mu_1 = \frac{P}{J}(\varphi_{r\alpha} i_{s\beta} - \varphi_{r\beta} i_{s\alpha})$representam um sinal de controlo virtual. ıPara que o erro de seguimento e se anule assintoticamente, considere o seguinte controlo virtual :

$$\mu_1 = c_1 e_1 + \dot{\Omega}_{ref} + \frac{T_L}{J} \tag{I.61}$$

Do mesmo modo, para controlar o erro de seguimentoz_1a equação (60) sugere a escolha da quantidade $2\varphi_{r\alpha} V_{r\alpha} + 2\varphi_{r\beta} V_{r\beta}$ (considerada como um comando virtual) tal que :

$$2\varphi_{r\alpha} V_{r\alpha} + 2\varphi_{r\beta} V_{r\beta} = d_1 z_1 + 2\varphi_{ref} \dot{\varphi}_{ref} + 2R_r(\varphi_{r\alpha} i_{\mu\alpha} + \varphi_{r\beta} i_{\mu\beta}) - 2R_r(\varphi_{r\alpha} i_{s\alpha} + \varphi_{r\beta} i_{s\beta}) \tag{I.62}$$

em que c_1 e d_1 são parâmetros de projeto reais positivos. Considere-se a função candidata de Lyapunov definida por :

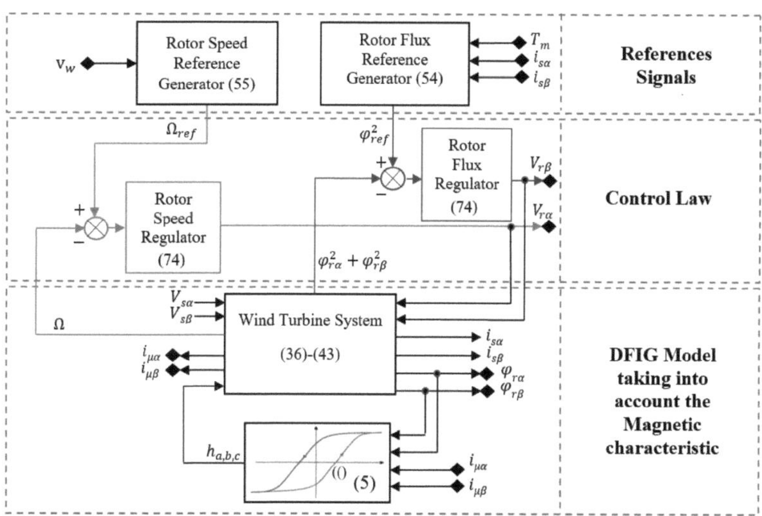

$$V_1 = \frac{1}{2}(e_1^2 + z_1^2) \tag{I.63}$$

A sua derivada no tempo é dada por (utilizando (61)-(62))

$$\dot{V}_1 = -c_1 e_1^2 - d_1 z_1^2 \tag{I.64}$$

Nesta fase,μ_1 é considerado como uma primeira função estabilizadora, e o novo erro de seguimento, denotadoe_2é definido como:

$$e_2 = \mu_1 - \frac{P}{J}\left(\varphi_{r\alpha} i_{s\beta} - \varphi_{r\beta} i_{s\alpha}\right) \tag{I.65}$$

Substituindo (61) em (65), a dinâmica do erro de trajetória e_1é dada por

$$\dot{e}_1 = -c_1 e_1 + e_2 \tag{I.66}$$

Em consequência, a derivada temporal da função candidata de Lyapunov (63) torna-se mais pequena:

$$\dot{V}_1 = -c_1 e_1^2 - d_1 z_1^2 + e_1 e_2 \tag{I.67}$$

Passo 2: O segundo passo é selecionar os sinais de controlo reais, $V_{r\alpha}$ e$V_{r\beta}$para que o vetor de erro $[e_1, z_1, e_2]^T$ converge para zero. A derivada temporal do erro de controloe_2 é dada por:

$$\dot{e}_2 = \dot{\mu}_1 - \frac{P}{J}\left(\dot{\varphi}_{r\alpha} i_{s\beta} + \varphi_{r\alpha} \dot{i}_{s\beta} - \dot{\varphi}_{r\beta} i_{s\alpha} - \varphi_{r\beta} \dot{i}_{s\alpha}\right) \tag{I.68}$$

Substituindo (36)-(43) e (61) em (68) obtém-se :

$$\dot{e}_2 = \mu_2 - \frac{P}{J}\left(V_{r\alpha} i_{s\beta} - \frac{1}{L_s} V_{r\beta} \varphi_{r\alpha} - V_{r\beta} i_{s\alpha} + \frac{1}{L_s} V_{r\alpha} \varphi_{r\beta}\right) \tag{I.69}$$

Onde

$$\mu_2 = 2c_1(c_1 e_1 + e_2) + \ddot{\Omega}_{ref} + \frac{\dot{T}_L}{J} - \frac{P}{J}\Bigg(-R_r i_{\mu\alpha} i_{s\beta} + R_r i_{s\alpha} i_{s\beta} - \omega \varphi_{r\beta} i_{s\beta} - \frac{R_s}{L_s} \varphi_{r\alpha} i_{s\beta} +$$
$$\frac{1}{L_s} V_{s\beta} \varphi_{r\alpha} + \frac{R_r}{L_s} i_{\mu\beta} \varphi_{r\alpha} - \frac{R_r}{L_s} i_{s\beta} \varphi_{r\alpha} - \frac{1}{L_s} \omega \varphi_{r\alpha}^2 + R_r i_{\mu\beta} i_{s\alpha} - R_r i_{s\beta} i_{s\alpha} - \omega \varphi_{r\alpha} i_{s\alpha} +$$
$$\frac{R_s}{L_s} \varphi_{r\beta} i_{s\alpha} - \frac{1}{L_s} V_{s\alpha} \varphi_{r\beta} - \frac{R_r}{L_s} \varphi_{r\beta} i_{\mu\alpha} + \frac{R_r}{L_s} \varphi_{r\beta} i_{s\alpha} - \frac{1}{L_s} \omega_r \varphi_{r\beta}^2 - \frac{1}{L_s}\left(V_{s\alpha} \varphi_{r\beta} - V_{s\beta} \varphi_{r\alpha}\right)\Bigg) \tag{I.70}$$

Para analisar a estabilidade do sistema de erros(e_1, z_1, e_2)considere-se a seguinte função candidata de Lyapunov alargada :

$$V_2 = V_1 + \frac{1}{2} e_2^2 \tag{I.71}$$

A sua derivada no tempo ao longo da trajetória do vetor de estado (e_1, z_1, e_2) é dada por (usando (67) e (69)) :

$$\dot{V}_2 = -c_1 e_1^2 - d_1 z_1^2 + e_2\left(e_1 + \mu_2 - \frac{P}{J}\left(V_{r\alpha}\left(i_{s\beta} + \frac{1}{L_s}\varphi_{r\beta}\right) - V_{r\beta}\left(i_{s\alpha} - \frac{1}{L_s}\varphi_{r\alpha}\right)\right)\right) \tag{I.72}$$

Para garantir a estabilidade global e assintótica do sistema de erro, as entradas de controlo$V_{r\alpha}, V_{r\beta}$ devem ser escolhidas da seguinte forma:

$$e_2\left[e_1+\mu_2-\frac{P}{J}\left(V_{r\alpha}\left(i_{s\beta}+\frac{1}{L_s}\varphi_{r\beta}\right)-V_{r\beta}\left(i_{s\alpha}-\frac{1}{L_s}\varphi_{r\alpha}\right)\right)\right]=-c_2e_2^2 \quad \text{(I.73)}$$

Em que c_2 é um parâmetro de projeto positivo. Utilizando então (62) e (73), temos :

$$\begin{bmatrix}V_{r\alpha}\\V_{r\beta}\end{bmatrix}=\begin{bmatrix}\left(i_{s\beta}+\frac{1}{L_s}\varphi_{r\beta}\right) & -\left(i_{s\alpha}-\frac{1}{L_s}\varphi_{r\alpha}\right)\\ 2\varphi_{r\alpha} & 2\varphi_{r\beta}\end{bmatrix}^{-1}$$

$$\begin{bmatrix}\frac{J}{P}(c_2e_2+e_1+\mu_2)\\ d_1z_1^2+2\varphi_{ref}\dot{\varphi}_{ref}+2R_r(\varphi_{r\alpha}i_{\mu\alpha}+\varphi_{r\beta}i_{\mu\beta})-2R_r(\varphi_{r\alpha}i_{s\alpha}+\varphi_{r\beta}i_{s\beta})\end{bmatrix} \quad \text{(I.74)}$$

- **Teorema 1 (resultado principal) :**

Considere-se o sistema em malha fechada composto pelo DFIG, descrito pelo modelo (36)-(43), e o controlador não linear definido pela lei de controlo (74). O sistema de erro em malha fechada descrito por (e_1, z_1, e_2) respetivamente dado em (56, 57 e 65) é globalmente assintóticamente estável em relação à função de Lyapunov (72). Consequentemente, todos os erros desaparecem exponencialmente, quaisquer que sejam as condições iniciais.

- **Prova do Teorema 1 :**

Com as leis de controlo propostas definidas em (74), a derivada temporal da função de Lyapunov considerada (71) é dada por :$\dot{V}_2=-c_1e_1^2-d_1z_1^2-c_2e_2^2$ (I.75)
Como $\dot{V}_2$ é uma função definida negativa do vetor de estado(e_1, z_1, e_2)o sistema de erros é globalmente assintóticamente estável. Fica assim concluída a prova do Teorema 1

I.1.5 Resultados da simulação :

A simulação foi efectuada em Matlab/Simulink. O desempenho do novo controlador proposto (o que tem em conta a histerese magnética) será avaliado através de vários testes de robustez. De seguida, este controlador será designado por HMC-OF. Para demonstrar a supremacia do HMC-OF, serão efectuadas três comparações: o primeiro teste envolve estratégias de controlo com uma referência de fluxo óptima dependente do estado em relação a estratégias de controlo com uma referência de fluxo nominal constante (ver Quadro 2). O segundo teste consiste em comprovar o desempenho do HMC-OF em comparação com o controlador padrão, assumindo que a caraterística magnética do DFIG é linear (a seguir, este controlador será referido como LMC-NF), funcionando este último com uma referência de fluxo nominal. O teste final consistirá numa comparação entre o HMC-OF e o LMC-OF. Ambos os controladores funcionam com uma referência de fluxo óptima, mas o último baseia-se numa caraterística de fluxo magnético linear. O DFIG em consideração é um 3MW cujas caraterísticas estão resumidas na Tabela 4. Os parâmetros de projeto do novo controlador encontram-se na Tabela 5, e os parâmetros do controlador padrão encontram-se na Tabela 6.

Tabela 7: Parâmetros eléctricos da máquina.

Elétrico	**Índice**	**Valor**
Resistência do estator/rotor	*Rs/ Rr*	0.455/0.62Ω
Indutância de fuga S/Rotor	*Ls/ Lr*	0.0083/0.0081 H
Indutância de magnetização	*Msr*	0.0078H
Inércia	*J*	0,3125kgm2
Atrito viscoso	*F*	6,73×10-1Nms-1

Tabela.8. Novos parâmetros do controlador.

Índice	**Valor**
C1	450
C2	240
d_1	5000

A. Protocolo de simulação :

O protocolo de simulação é configurado para ter em conta uma grande variação na velocidade média do vento, como se mostra na Fig. 8. Os algoritmos utilizados para calcular as referências de fluxo e de velocidade do rotor são discutidos nas subsecções 4.1.2 e 4.1.1, respetivamente.

Serão aplicadas numerosas falhas de rede ao HMC-OF a fim de avaliar a sua robustez. Para provar que se comporta corretamente em condições reais de funcionamento da rede. Estes testes dividem-se em duas categorias

Partes: robustez a quedas de tensão e robustez apesar da variação de frequência. O primeiro defeito considerado é uma queda de tensão trifásica, que reduz o valor da tensão principal em cerca de 60% e tem a duração de 1s [4s-5s], como mostra a Fig.9a. O segundo ensaio foi efectuado considerando uma variação de frequência [50-50,5 Hz]. Este defeito na rede é introduzido no instante 1s e tem a duração de 0,5s, como se pode ver na Fig.9b.

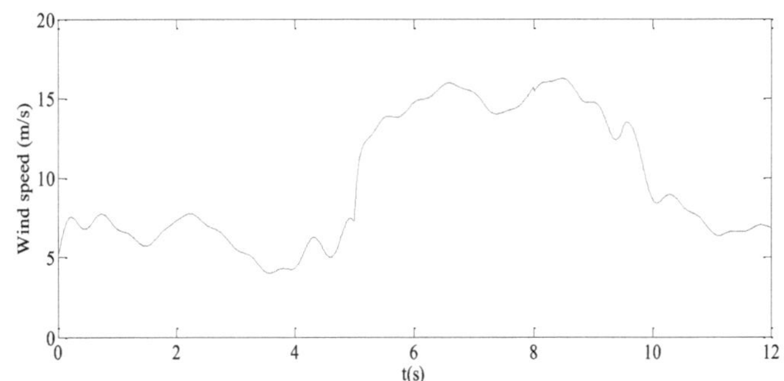

Fig.8. Perfil de velocidade do vento considerado

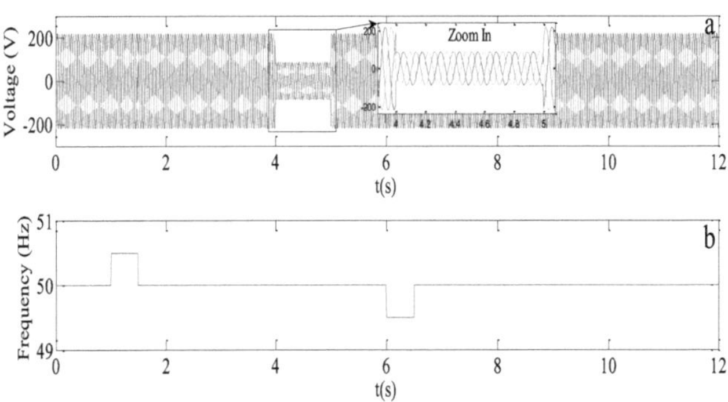

Fig.9a. Tensão da rede eléctrica nos picos de tensão.

Fig.9b. Perfil de frequência da rede.

B. Avaliação do controlador :

a) Supremacia da estratégia HMC-OF sobre a estratégia HMC-NF (quadro 2)

O HMC-OF é implementado utilizando a equação (74). Os parâmetros de projeto correspondentes são dados pelos valores numéricos na Tabela 3. A Figura 10 mostra que tanto o HMC-OF como o HMC-NF seguem bem a referência de velocidade dada, sendo ambos calculados utilizando a curva de velocidade óptima do rotor (ver Fig.3), garantindo o objetivo MPPT. No entanto, o HMC-OF é mais preciso e apresenta menos oscilações do que o HMC-NF. Além disso, a Fig.10 destaca a boa robustez do HMC-OF proposto na presença das falhas de rede consideradas (descritas nas Figs.9a-9b), onde se mostra claramente que as falhas não afectam os objectivos de seguimento.

Do mesmo modo, a Fig.11 e a Fig.12 mostram os desempenhos do seguimento do fluxo do rotor do HMC-OF e do HMC-NF, respetivamente. De facto, esta figura ilustra o bom comportamento dos reguladores propostos, mesmo com as quedas de tensão e os desvios de frequência considerados. Note-se que, na Fig.11, a referência de fluxo considerada é variável em função da corrente do estator, a fim de otimizar as perdas joule do estator (ver subsecção 4.1.1). Na Fig.12, no entanto, a referência de fluxo considerada é constante em cerca de 1,1wb (igual ao fluxo nominal).

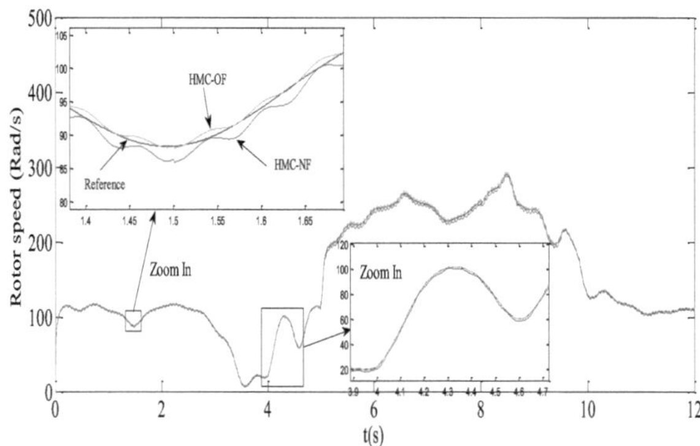

Fig.10. Desempenho do seguimento da velocidade do HMC-OF. Sólido: referência da velocidade. Linha tracejada: resposta da velocidade HMC-NF. Linha pontilhada: HMC-OF

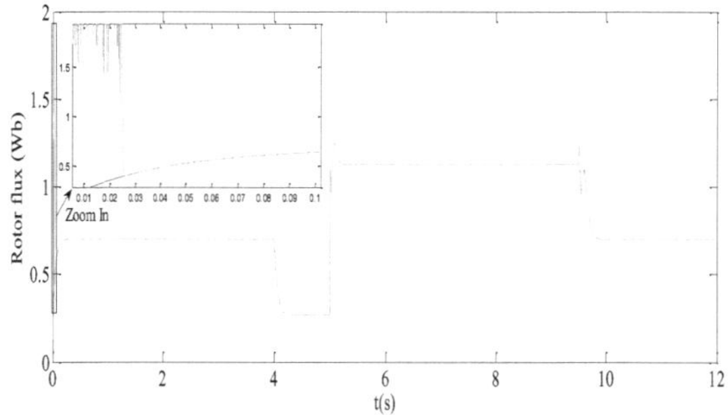

Fig.11. Desempenho do seguimento do fluxo do rotor. Linha sólida: Referência do fluxo do rotor. Linha pontilhada: HMC-OF.

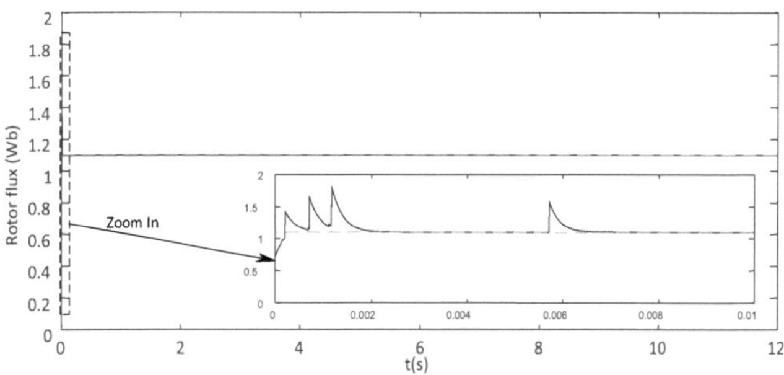

Fig.12. Desempenho do seguimento do fluxo do rotor. Linha sólida: Referência do fluxo nominal do rotor. Linha pontilhada: HMC-NF.

Dado que a diferença entre o HMC-OF e o HMC-NF está no fluxo do rotor, é essencial efetuar uma comparação de potências para avaliar a vantagem de um em relação ao outro. Para tal, é efectuada uma comparação de potências entre a potência extraída do gerador que funciona com o HMC-OF e a potência extraída do gerador que funciona com o HMC-NF; note-se que ambos os sistemas de cálculo de potência têm em conta os fenómenos de histerese/saturação. A figura 13 mostra claramente que a potência com a referência de fluxo óptima (linha sólida) é superior à potência com a referência de fluxo estável (linha pontilhada), o que prova que, com o fluxo ótimo do rotor, as perdas de potência joule são menores e o produto de potência é maior. Com a referência de fluxo óptima para o perfil de vento selecionado, obtém-se aproximadamente mais 12% de potência, o que atesta as vantagens deste controlador.

As perdas em joules são obtidas considerando a expressão $\frac{3}{2}R_S I_S^2$, onde I é a corrente padrão do estator. A Fig.14 mostra a evolução destas perdas para os dois controladores HMC-OF e HMC-NF, sendo claramente demonstrado que o HMC-OF implica menores perdas do que o HMC-NF, especialmente para valores baixos de velocidade do vento. Esta é a comparação entre o HMC-OF e o HMC-NF.

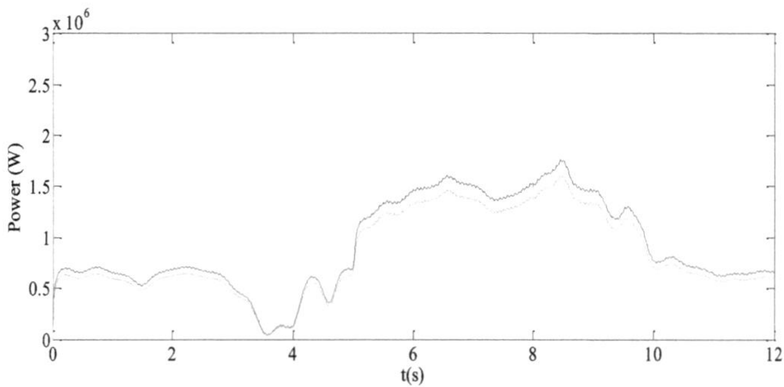

Fig. 13. Comparação da potência extraída. Linha pontilhada: HMC-NF. Linha sólida: HMC-OF.

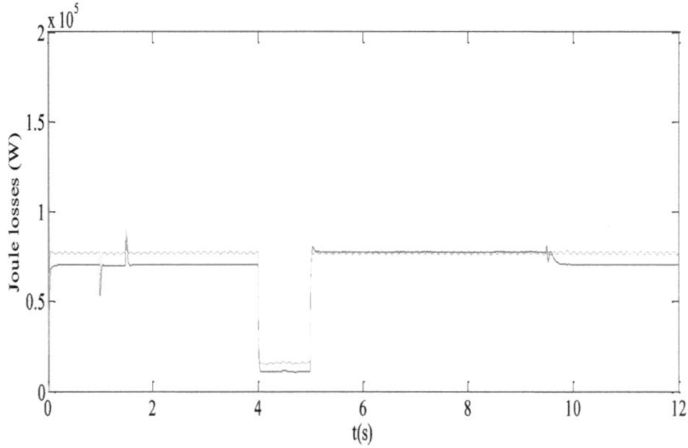

Fig.14. Perdas por efeito de Joule. Linha pontilhada: HMC-NF Linha sólida: HMC-OF.

b) Supremacia da estratégia HMC-OF sobre a estratégia LMC-NF

Nesta subsecção, o LMC-NF envolvendo a referência de caudal nominal é considerado para efeitos de comparação, o controlador é obtido simplesmente considerando em (31) :

- a função h constante e igual a h=250, o que se obtém estudando a linearização da forma de histerese da Fig.2.

- fluxo de referência constante igual a 1,1Wb

- e outros parâmetros de projeto com os seguintes valores, que se revelaram práticos para este controlador:

C1=1200, C2=420, d1=100.

A Fig. 15 mostra o seguimento da velocidade do rotor pelo HMC-OF e pelo LMC-NF, demonstrando claramente a boa resposta do HMC-OF ao ponto de regulação da velocidade. Por outro lado, o LMC-NF é um pouco impreciso a baixas velocidades do rotor; assim que a velocidade aumenta, o desempenho de seguimento do LMC-NF melhora. A Fig.16 mostra que o LMC-NF segue a referência do fluxo do rotor. No entanto, surgem pequenas oscilações para diferentes valores de velocidade do vento.

É de notar que o processo de simulação LMC-NF com a máquina, tendo em conta os fenómenos de histerese/saturação, exigiu um grande esforço e tempo para produzir estes resultados, ou seja, não foi possível obter melhores resultados com esta configuração.

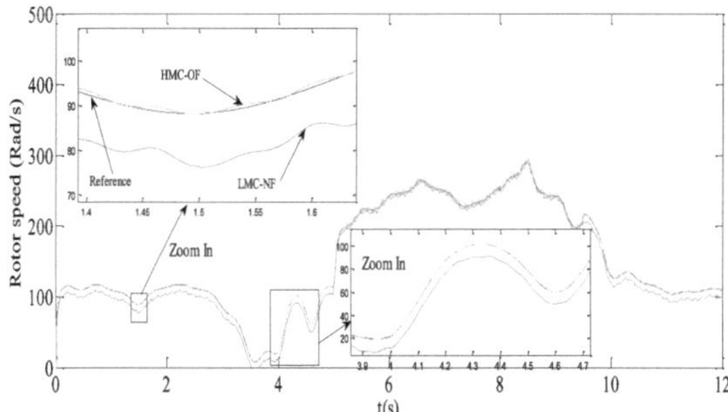

Fig.15. Desempenho do seguimento da velocidade do LMC-NF. Sólido: referência da velocidade. Linha pontilhada: resposta da velocidade LMC-NF. Linha pontilhada: H MC-OF.

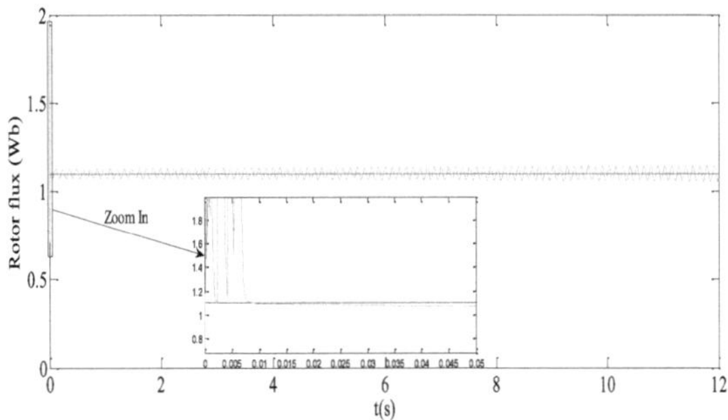

Fig.16. Desempenho do seguimento do fluxo do rotor. Linha sólida: Referência do fluxo do rotor. Linha pontilhada LMC-NF

Para completar a prova do grande interesse do HMC-OF, foi efectuada uma análise de potência na Fig.17. A linha sólida mostra a potência fornecida pela turbina eólica que funciona com o HMC-OF, onde a potência é comprovadamente máxima, uma vez que estamos a funcionar em modo MPPT. A linha a tracejado mostra a potência fornecida pela turbina eólica acionada pelo LMC-NF. Podemos ver que existe uma diferença de potência em relação à potência fornecida pelo HMC-OF. Esta análise prova que, com o HMC-OF a funcionar em fenómenos reais, é possível extrair mais potência do que com o controlador padrão, tanto a baixas como a altas velocidades do vento.

A Fig. 18 mostra claramente que o HMC-OF envolve menos perdas por efeito de joule do que o LMC-NF. Esta é a comparação entre o HMC-OF e o LMC-NF.

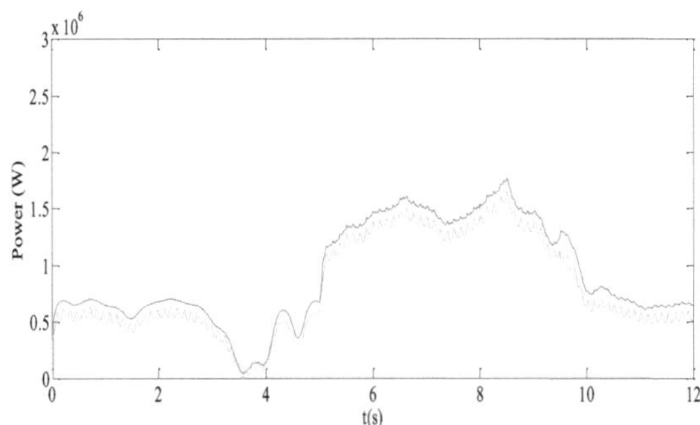

Fig.17. Comparação da potência extraída. Linha pontilhada: LMC-NF. Linha sólida: HMC-OF.

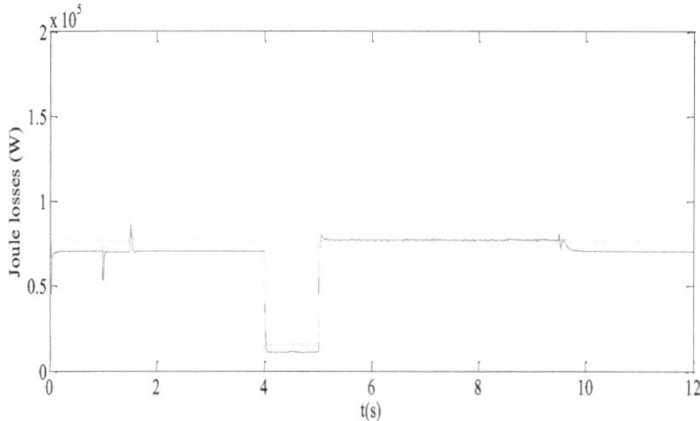

Fig.18. Perdas por efeito de Joule. Linha pontilhada: LMC-NF. Linha sólida: HMC-OF.

c) Supremacia da estratégia HMC-OF sobre a estratégia LMC-OF

- O LMC-OF tem exatamente a mesma forma que o LMC-NF, exceto que :

- A referência de fluxo é fornecida pelo gerador de referência de fluxo optimizado (ver subsecção 4.1.1).

121- Os parâmetros do regulador têm os seguintes valores, que se revelaram práticos: C =450, C =240, d =100.

A figura 19 mostra o desempenho do controlo da velocidade do rotor do HMC-OF e do LMC-NF. Pode ver-se claramente que o HMC-OF oferece maior precisão, especialmente quando funciona a baixas velocidades do vento. Quando a velocidade é aumentada, o desempenho de seguimento do LMC-OF melhora.

A figura 20 mostra o desempenho do seguimento do fluxo do rotor do LMC-OF. A partir dela, pode ver-se que o seguimento é conseguido em torno do valor nominal do fluxo do rotor, e não com grande precisão noutros pontos.

A comparação de potência entre o HMC-OF e o LMC-OF mostra que é extraída mais potência com o HMC-OF, particularmente no modo de baixa velocidade do vento, como mostra a Fig. 21.

A figura 22 mostra claramente que o HMC-OF envolve menos perdas por efeito de joule do que o LMC-OF. Esta é a comparação entre o HMC-OF e o LMC-OF.

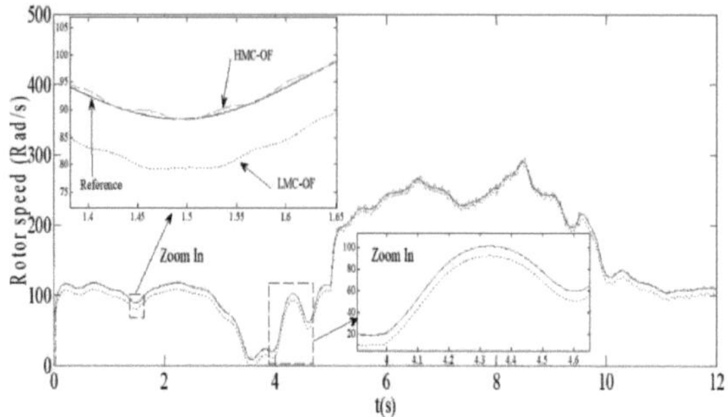

Fig.19. Desempenho do seguimento da velocidade do LMC-OF. Sólido: referência da velocidade. Linha pontilhada: resposta da velocidade LMC-NF. Linha pontilhada: HMC-OF

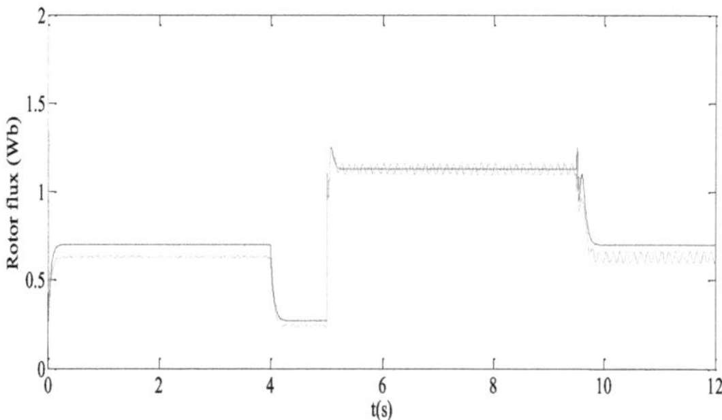

Fig.20. Desempenho do seguimento do fluxo do rotor. Linha sólida: Referência do fluxo do rotor. Linha pontilhada LMC-OF

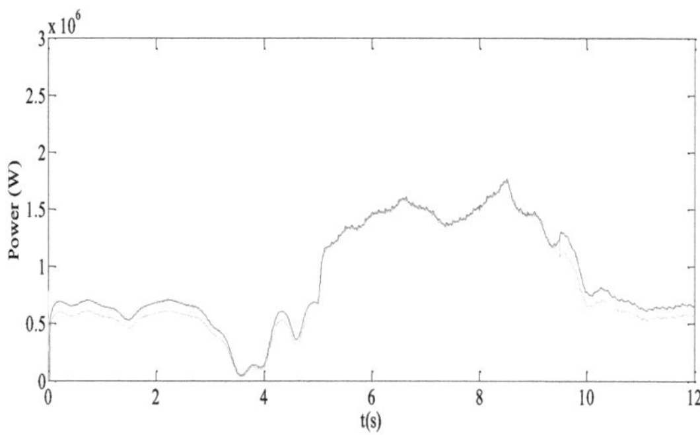

Fig.21. Comparação da potência extraída. Linha pontilhada: LMC-OF. Linha sólida: HMC-OF.

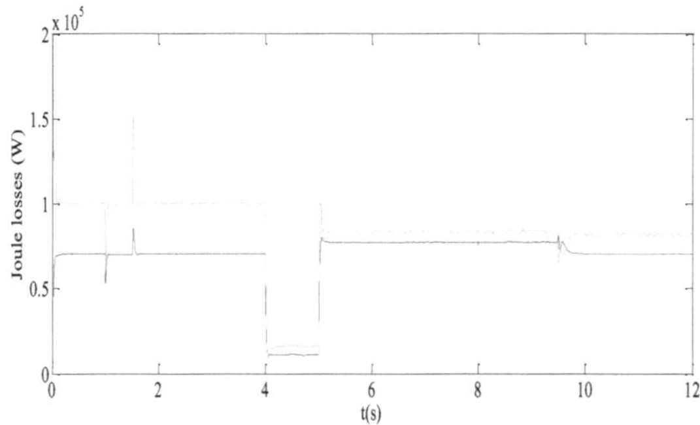

Fig.22. Perdas por efeito de Joule. Linha pontilhada: LMC-OF. Linha sólida: HMC-OF.

I.1.6 Conclusão do capítulo

Neste capítulo, propusemos um controlador não linear para o gerador de indução duplamente alimentado que opera na presença de saturação e histerese das caraterísticas magnéticas. O objetivo do controlo é regular a velocidade do rotor e o fluxo do rotor. Estes últimos são fornecidos, respetivamente, por um gerador de ponto de ajuste ótimo da velocidade do rotor, utilizado para fornecer um ponto de ajuste da velocidade correspondente à potência máxima disponível, e por um algoritmo de ponto de ajuste ótimo do fluxo do rotor, concebido para ajudar esta máquina a consumir menos energia por efeito Joule no estator e, assim, gerar mais energia. Para o efeito, o HMC-OF descrito em (74) foi projetado utilizando a técnica de backstepping, com base no modelo definido em (36-43). O Teorema 1 estabelece formalmente a convergência global dos erros $e_1 = \Omega_{ref} - \Omega$ e $z_1 = \varphi_{ref}^2 - \left(\varphi_{r\alpha}^2 + \varphi_{r\beta}^2\right)$ para zero. O controlador foi analisado para determinar as condições suficientes para seguir corretamente as referências dadas. Foi provado que os dois erros são nulos independentemente das condições de funcionamento. A estabilidade global do sistema foi estudada e comprovada utilizando a teoria de Lyapunov. Estes resultados teóricos foram confirmados por simulações no ambiente Matlab/Simulink, envolvendo uma vasta gama de variações da velocidade do vento. A robustez do novo controlador foi também avaliada através de vários testes. Assim, foi possível verificar que o novo controlador mantém o seu bom desempenho apesar de uma variação na frequência da rede ou de picos de subtensão.

Referências do capítulo 1

[1] Ouadi, H., Giri, F., Elfadili, A., Dorleans, P., & Massieu, J. F; (2010). Controlo de máquinas de indução na presença de histerese magnética Modelação e seguimento da referência de velocidade. *IFAC Proceedings Volumes*, *43*(10), 7-12.

[2] Coleman B. D., M. L. Hodgdon; (1987). Sobre uma classe de relações constitutivas para histerese ferromagnética. *Arch. Rational Mech.* Anal, pp. 375-396.

[3] Du, J., Feng. Y., Su, C. Y., & Hu, Y. M; (2009). Sobre o controlo robusto de sistemas precedidos de histerese de Coleman-Hodgdon. *In IEEE 2009 Internatinal conference on control and automation* (pp 685-689). IEEE.

[4] Voros, J. (2009). Modelação e identificação de histerese utilizando formas especiais do modelo Coleman-Hodgdon. *J. Electr. Eng,* 60(2), 100-105.

[5] Chen, X., Hisayama, T., &Su, C. Y. (2008, dezembro). Controlo adaptativo para sistemas de tempo contínuo precedidos de histerese. Em *Decisão e Controlo, 2008. CDC 2008. 47th IEEE Conference on* (pp. 1931-1936). IEEE.

[6] El Fadili, A., Giri, F., El Magri, A., Lajouad, R., Chaoui, F. (2013). Estratégia de controlo adaptativo com otimização da referência de fluxo para motores de indução sem sensores. *Prática de Engenharia de Controlo*, Vol. 26, maio de 2014, Páginas 91-106.

[7] Akel, F., Ghennam, T., Berkouk, E. M., Laour, M. (2014). Um esquema melhorado de controlo de potência desacoplado sem sensores do gerador de turbina eólica de velocidade variável ligado à rede. *Conversão e Gestão de Energia*, Vol. 78, Páginas 584-594.

[8] Sarrias-Mena, Raúl, Fernández-Ramírez, L.M., García-Vázquez, C.A., Jurado, F. (2014). Estratégia de gestão de energia baseada em lógica difusa de uma turbina eólica de gerador de indução duplamente alimentado multi-MW com bateria e ultracapacitor. *Energia*, Vol 70, Páginas 561-576.

[9] Dida, A., Benattous, D. (2015). Modelação e controlo de DFIG através de conversores back-to-back de cinco níveis baseados em controlador neuro-fuzzy. *Journal of Control, Automation and Electrical Systems*. 26(5), 506-520.

[10] Hamane, B., Benghanem, M., Bouzid, M. A., Belabbes, A., Bouhamida, M., Draou, A. (2012). "Controlo para turbina eólica de velocidade variável que aciona um gerador de indução duplamente alimentado usando o controlo Fuzzy-PI". *Energy Procedia,* 18 (2012) 476 - 485.

[11] Barra A, Ouadi H, Giri F. (2016). Controle não linear sem sensor de sistemas de energia eólica com gerador de indução duplamente alimentado. *Jornal de controle, automação e sistemas elétricos*. Vol 27. Edição 5. páginas 562-578.

[12] Ouadi, H., Giri, F., Elfadili, A., &Dugard, L. (2010). Controlo da velocidade da máquina de indução com otimização do fluxo. *Prática de Engenharia de Controlo*, *18*(1), 55-66.

[13] El fadili, A., Giri, F., Ouadi, H., Dugard, L., & El Magri, A. (2009, agosto). Controlo de máquinas de indução na presença de regulação de velocidade por saturação magnética com referência de fluxo optimizada. In *Control Conference (ECC), 2009 European* (pp. 2542-2547). IEEE.

[14] Macki, Jack W., Paolo Nistri, e Pietro Zecca (1993). Modelos matemáticos para histerese. *SIAM review* 35.1: 94-123.

[15] Ouadi, H., Barra, A., & El Majdoub, K. (2017). Controlo não linear para sistema de energia eólica ligado à rede com inversor multinível. *ARPN Journal of Engineering and Applied Sciences,* Vol. 12, N. 4.

Capítulo II: Identificação dos parâmetros da máquina assíncrona com o filtro KALMAN

Resumo do capítulo II:

As máquinas de indução são as mais populares no ambiente industrial devido às suas muitas vantagens, incluindo a elevada potência, a robustez, a facilidade de utilização e o baixo custo. O seu progresso deve-se, em grande parte, à introdução dos variadores de velocidade nos anos 80, que permitiam uma grande variação da frequência de rotação. Neste capítulo, apresentamos um novo método para estimar os parâmetros internos da máquina assíncrona de gaiola. Em primeiro lugar, são referidas as constituições da máquina assíncrona, seguidas de uma modelação da máquina. Seguiu-se uma panorâmica geral dos métodos de estimação de parâmetros. Por fim, aplica-se o método proposto. Os resultados obtidos estão em boa concordância com os parâmetros utilizados na simulação.

I.2.1. Introdução do capítulo

As máquinas de indução são as mais populares no ambiente industrial devido às suas muitas vantagens, incluindo a elevada potência, a robustez, a facilidade de utilização e o baixo custo. O seu progresso deve-se, em grande parte, à introdução dos variadores de velocidade nos anos 80, que permitiam uma grande variação da frequência de rotação. Neste capítulo, apresentamos um novo método para estimar os parâmetros internos da máquina assíncrona de gaiola. Em primeiro lugar, são descritas as constituições da máquina assíncrona, seguidas de uma modelação da máquina. Seguiu-se uma panorâmica geral dos métodos de estimação de parâmetros. Finalmente, aplicou-se o método proposto. Os resultados obtidos estão em boa concordância com os parâmetros utilizados na simulação.

I.2.2. Constituição da máquina assíncrona

Uma máquina assíncrona como a mostrada na também conhecida como máquina de indução, é constituída por duas partes principais:

O estator: é a parte fixa da máquina e é constituído por um núcleo cilíndrico de ferro com ranhuras à volta da sua periferia. As ranhuras contêm os enrolamentos do estator, que são geralmente trifásicos. Os enrolamentos do estator estão ligados a uma fonte de alimentação trifásica, que produz um campo magnético rotativo.

O rotor: é a parte rotativa da máquina e é geralmente constituído por um núcleo cilíndrico de ferro com ranhuras à volta da sua periferia. As ranhuras do rotor contêm barras condutoras, geralmente de cobre ou de alumínio, que são ligadas em curto-circuito nas duas extremidades por anéis de extremidade. Estes barramentos estão dispostos num padrão específico para formar um rotor em gaiola de esquilo.

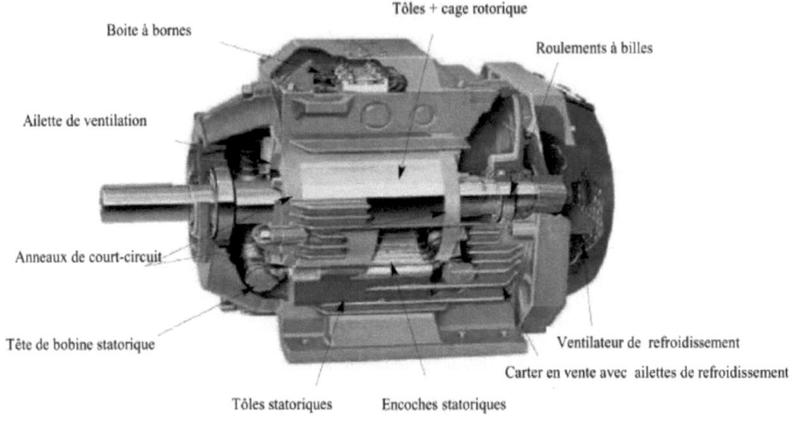

Fig. 23: Composição da máquina assíncrona de gaiola

Quando uma tensão trifásica é aplicada aos enrolamentos do estator, é produzido um campo magnético rotativo no espaço de ar entre o estator e o rotor. O campo magnético rotativo induz uma corrente nas barras do rotor, que produz um campo magnético que interage com o campo magnético do estator. A interação entre os dois campos magnéticos produz um binário no rotor, fazendo-o rodar.

A máquina assíncrona funciona segundo o princípio da indução electromagnética, em que uma tensão é induzida nos condutores do rotor pelo campo magnético em rotação. O rotor é então sujeito a uma força que o faz rodar, e a máquina converte energia eléctrica em energia mecânica. A velocidade do rotor é sempre ligeiramente inferior à velocidade do campo magnético rotativo no estator, o que é conhecido como deslizamento. O deslizamento é necessário para induzir tensão nos condutores do rotor e produzir o binário necessário para a rotação. A secção seguinte apresenta os diferentes métodos para estimar os parâmetros destas máquinas

I.2.3. Resumo dos métodos de estimativa dos parâmetros de máquinas assíncronas

As máquinas de indução são utilizadas em várias aplicações, tais como transportadores e turbinas eólicas. [[1]e a sua procura vai aumentar com a passagem maciça para os veículos eléctricos. Apesar das qualidades bem conhecidas destas máquinas, durante o seu funcionamento estão sujeitas a esforços eléctricos, magnéticos, mecânicos e térmicos, que provocam alterações nos parâmetros internos do motor. Estas alterações, e os seus efeitos, reflectem-se nas suas amplitudes, principalmente no fluxo, nas correntes, na velocidade e no binário, que podem ser utilizados para estimar os parâmetros destas máquinas. De facto, a obtenção de valores precisos dos parâmetros internos do MI melhorará o desempenho do controlo. [2], [3] e ajudará a monitorizar o estado do MI[4]. Para o efeito, existem vários métodos de estimativa dos parâmetros, que se dividem em duas categorias (ver).

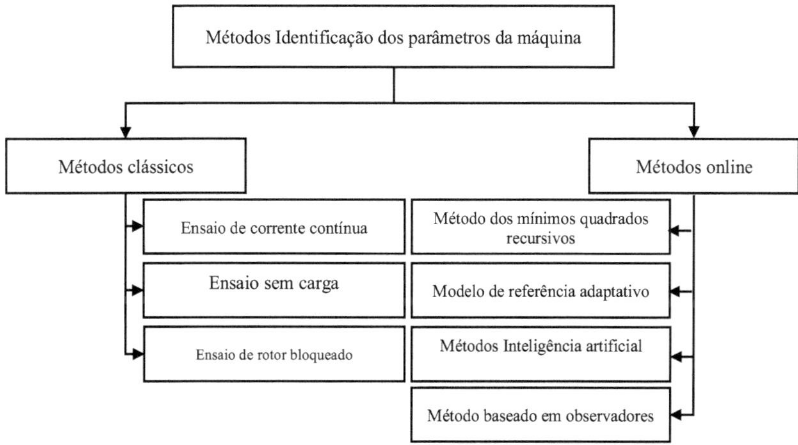

Fig.24.Métodos de identificação dos parâmetros da máquina assíncrona de gaiola

A. Métodos Clássico s

O ensaio de rotor bloqueado, o ensaio em corrente contínua e o ensaio em vazio são todos utilizados para determinar as caraterísticas e os parâmetros de uma máquina de indução.[5]-[8].

i. O ensaio de rotor bloqueado consiste em alimentar a máquina com uma tensão e frequência nominais enquanto o rotor está bloqueado, a fim de medir a impedância do estator e a resistência e reactância do rotor.

ii. O ensaio de CC envolve a aplicação de uma tensão de CC ao enrolamento do estator e a medição da corrente resultante para determinar a resistência do estator.

iii. Finalmente, o ensaio em vazio consiste em fazer funcionar a máquina à tensão e frequência nominais com o rotor sem carga, a fim de medir a corrente em vazio, a potência de entrada e o fator de potência. Estas medições podem ser utilizadas para determinar as perdas do núcleo da máquina e a corrente de magnetização.

Estes três testes são importantes para avaliar o desempenho e a eficiência de uma máquina de indução. São normalmente efectuados durante o processo de fabrico ou como parte da manutenção de rotina.

B. Métodos online

Devido à complexidade do procedimento convencional e ao aumento da temperatura do enrolamento, ao efeito de pele e à saturação do fluxo, o que implica a variação dos parâmetros. Por conseguinte, é necessário identificá-los em tempo real. Numerosas tentativas foram propostas na literatura, onde várias técnicas são aplicadas. Neste contexto, os algoritmos baseados no modelo matemático do motor ou na inteligência artificial são discutidos a seguir.

C. Método de estimativa baseado no algoritmo RCM

Entre os vários algoritmos de identificação, o algoritmo dos mínimos quadrados recursivos (RLS) é amplamente utilizado por ser rápido, eficiente e fácil de implementar. No entanto, o algoritmo de estimação RLS requer as seguintes entradas: velocidade de rotação, correntes e tensões do estator e as suas derivadas. Devido ao ruído e aos harmónicos destas entradas, são necessários filtros. O procedimento detalhado para a implementação do algoritmo MCR é apresentado na .

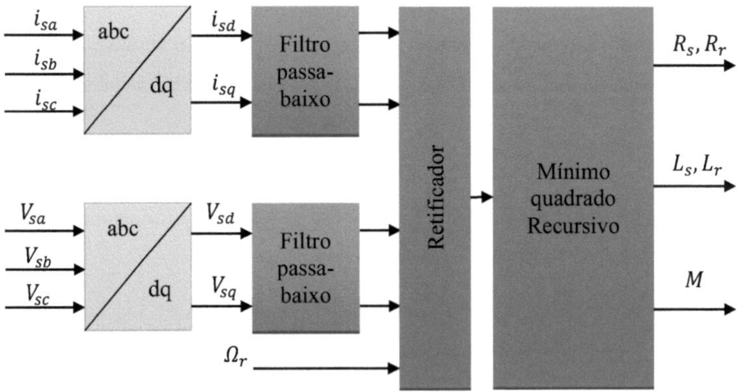

Fig. 25. Implementação do algoritmo MCR para identificação de parâmetros

Além disso, o fator de esquecimento afectará em grande medida o desempenho do algoritmo MCR. Se o fator de esquecimento diminuir, os dados afectarão largamente os resultados. Assim, os parâmetros identificados convergem rapidamente, mas a estabilidade é reduzida, ou seja, o algoritmo é suscetível de divergir. Pelo contrário, se o fator de esquecimento aumentar, o processo de convergência é mais lento e, consequentemente, a identificação demora mais tempo a seguir os valores reais, enquanto a estabilidade é melhorada. Em particular, quando o fator de esquecimento é fixado em 1, o algoritmo de estimação degenera num RCM convencional. Por conseguinte, é necessário definir um fator de esquecimento adequado, tendo em conta o compromisso entre a taxa de convergência e a estabilidade do algoritmo. Em geral, o fator de esquecimento pode ser fixado entre 0,9 e 1,0.

D. Método baseado no sistema adaptativo com modelo de referência

A técnica do Sistema Adaptativo Referenciado por Modelos (MRAS) é um método relativamente maduro que tem sido aplicado à identificação de parâmetros devido à sua estrutura simples e facilidade de implementação. O princípio básico do MRAS é descrito na . Nesta técnica, um motor real é incluído como modelo de referência, enquanto o modelo matemático do motor que contém os parâmetros desconhecidos é tomado como modelo ajustável. As entradas para ambos os modelos são as mesmas. Utilizando uma lei adaptativa, os parâmetros estimados convergem para os seus valores reais, reduzindo a zero o vetor de erro entre as saídas dos modelos de referência e adaptativo. Consequentemente, os parâmetros desconhecidos podem ser identificados em linha através da aplicação da lei MRAS.

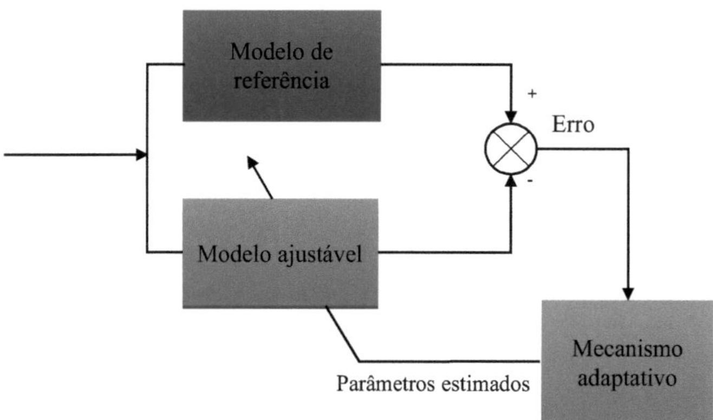

Fig. 26. Princípio do método MRAS para identificar os parâmetros da máquina de indução

Com base na formulação do sinal de erro no modelo MRAS, foram desenvolvidos vários métodos de identificação baseados na técnica MRAS. Métodos baseados no binário eletromagnético, na potência ativa, na potência reactiva [9]-[11],fluxo do rotor [1[12]tensão do estator [[10], [113]o campo eletromagnético [1[12]etc.

E. Métodos baseados em observadores

Um observador também pode ser utilizado para determinar os parâmetros do motor. Tipicamente, as medidas reais do motor são subtraídas das saídas do observador antes de serem multiplicadas por uma matriz L. A multiplicação é então adicionada às equações de estado do observador, criando o chamado observador de LUENBERGER, da seguinte forma

$$\begin{cases} \dot{\hat{x}}(t) = A\hat{x}(t) + L(\hat{y}(t) - y(t)) + Bu(t) \\ y(t) = C\hat{x}(t) \end{cases} \quad \text{(II.1)}$$

Onde u(t) representa as entradas no tempo t, x(t) representa as variáveis de estado, y(t) representa as saídas, e $\hat{x}(t)$ representa as variáveis estimadas. Como o modelo do motor é não linear, é então aproximado utilizando a expansão de Taylor para linearizar o modelo em torno do estado estimado anterior para a identificação dos parâmetros da máquina. A linearização deve ser uma boa aproximação do modelo não linear para garantir a validade desta abordagem. Em [[14], [115]onde os parâmetros desconhecidos foram aumentados em variáveis de estado, foram propostos observadores LUENBERGER alargados para identificar os parâmetros do motor. Consequentemente, o tamanho das variáveis de estado foi aumentado.

Além disso, o filtro de Kalman alargado (FKE) é um algoritmo de otimização que pode ultrapassar os problemas de sensibilidade ao ruído do algoritmo MCR. Por exemplo, os observadores ELO e FKE tentam resolver o problema da não-linearidade utilizando uma aproximação linear, em que é efectuada a linearização da estimativa do estado atual. Em geral, o algoritmo FKE inclui etapas de previsão e filtragem, em que os estados futuros previstos são determinados na etapa de previsão e os estados estimados são obtidos através da adição de correcções aos estados previstos.

Em [[16]o autor apresenta o algoritmo FKE, que é um método para calcular a constante de tempo inversa do rotor a partir das correntes do estator registadas e da velocidade do rotor. Neste caso, a relação entre a corrente de magnetização e a indutância foi utilizada para criar uma tabela de consulta para determinar a indutância de magnetização. Além disso, em [[17]os algoritmos FKE e MCR foram combinados para determinar os parâmetros do motor, com o primeiro (ou seja, o algoritmo FKE) a concentrar-se mais na resistência do rotor e o segundo (ou seja, o algoritmo MCR) a estimar a constante de inércia do rotor, a constante de amortecimento e o binário de carga perturbado. No entanto, apesar das várias vantagens do FKE, a sua implementação exige uma carga computacional significativa.

F. Métodos baseados na inteligência artificial

Existem vários métodos baseados em IA que podem ser utilizados para estimar os parâmetros da máquina de indução, incluindo

Redes Neuronais Artificiais (RNA): São amplamente utilizadas para estimar parâmetros de máquinas de indução devido à sua capacidade de aprender relações complexas entre entradas e saídas. As RNA podem ser treinadas com dados históricos e utilizadas para prever os parâmetros da máquina [18]-[220].

Lógica difusa: A lógica difusa é uma estrutura matemática que pode ser utilizada para modelar a incerteza e a imprecisão. A lógica difusa pode ser utilizada com outros métodos baseados na IA para estimar os parâmetros das máquinas de indução[2[21], [222].

Algoritmos genéticos (AG): Os AG são algoritmos de otimização que podem ser utilizados para procurar o conjunto ótimo de parâmetros. Os AG são frequentemente utilizados em conjunto com outros métodos baseados na IA para estimar os parâmetros das máquinas de indução. [223].

Particle Swarm Optimisation (PSO): O PSO é outro algoritmo de otimização que pode ser utilizado para estimar os parâmetros das máquinas de indução. O PSO baseia-se no movimento de partículas num espaço de pesquisa e pode ser utilizado para encontrar o conjunto ótimo de parâmetros[2[24], [225].

Estes métodos baseados em IA podem ser utilizados individualmente ou em combinação uns com os outros para estimar os parâmetros da máquina de indução. A escolha do(s) método(s) depende da aplicação específica e dos dados disponíveis.

I.2.4. Modelação da máquina assíncrona

As máquinas eléctricas são sistemas muito complexos. Não é possível encontrar um modelo adequado que capte todos os fenómenos básicos para descrever o comportamento destas máquinas; por conseguinte, são utilizadas as seguintes hipóteses simplificadoras para encontrar um modelo matemático. [226]:

i) O espaço de ar tem uma espessura uniforme e o efeito de entalhe é negligenciável.

ii) A saturação do circuito magnético, a histerese e as correntes de Foucault são negligenciáveis.

iii) As resistências do enrolamento não variam com a temperatura e o efeito de pele é insignificante.

iv) Reconhece-se que as forças magnetomotrizes criadas por cada fase dos dois quadros são distribuídas sinusoidalmente.

Onde as equações da máquina nas três fases são dadas por :

$$V_{sabc} = R_s I_{sabc} + \dot{\varphi}_{sabc} \quad \text{(II.2)}$$

$$V_{rabc} = R_r I_{rabc} + \dot{\varphi}_{rabc} \quad \text{(II.3)}$$

Os vectores $V_{sabc}, V_{rabc}, I_{sabc}, I_{rabc}, \dot{\varphi}_{sabc}, \dot{\varphi}_{rabc}$ são definidos como

$$\begin{matrix} V_{sabc} = \begin{bmatrix} v_{sa} \\ v_{sb} \\ v_{sc} \end{bmatrix} & I_{sabc} = \begin{bmatrix} i_{sa} \\ i_{sb} \\ i_{sc} \end{bmatrix} & \varphi_{sabc} = \begin{bmatrix} \varphi_{sa} \\ \varphi_{sb} \\ \varphi_{sc} \end{bmatrix} \\ V_{rabc} = \begin{bmatrix} v_{ra} \\ v_{rb} \\ v_{rc} \end{bmatrix} & I_{rabc} = \begin{bmatrix} i_{ra} \\ i_{rb} \\ i_{rc} \end{bmatrix} & \varphi_{rabc} = \begin{bmatrix} \varphi_{ra} \\ \varphi_{rb} \\ \varphi_{rc} \end{bmatrix} \end{matrix} \quad \text{(II.4)}$$

(v_{sa}, v_{sb}, v_{sc}) Tensões do estator.

(v_{ra}, v_{rb}, v_{rc}) Tensões do rotor.

(i_{sa}, i_{sb}, i_{sc}) Correntes do estator.

(i_{ra}, i_{rb}, i_{rc}) Correntes do rotor.

$(\varphi_{sa}, \varphi_{sb}, \varphi_{sc})$ Fluxos do estator.

$(\varphi_{ra}, \varphi_{rb}, \varphi_{rc})$ Fluxo do rotor.

O fluxo total do motor de indução está relacionado com as correntes através das seguintes equações:

$$\varphi_{sabc} = L_{ss} I_{sabc} + M_{sr} I_{rabc} \quad \text{(II.5)}$$

$$\varphi_{rabc} = L_{rr} I_{rabc} + M_{rs} I_{sabc} \text{(II.6)}$$

Com

$$L_{ss} = \begin{bmatrix} L_s & M_s & M_s \\ M_s & L_s & M_s \\ M_s & M_s & L_s \end{bmatrix}$$

$$L_{rr} = \begin{bmatrix} L_r & M_r & M_r \\ M_r & L_r & M_r \\ M_r & M_r & L_r \end{bmatrix}$$

$$M_{sr} = M_{rs}^T = M_{sr} \begin{bmatrix} cos(\theta) & cos\left(\theta - \frac{4\pi}{3}\right) & cos\left(\theta - \frac{2\pi}{3}\right) \\ cos\left(\theta - \frac{2\pi}{3}\right) & cos(\theta) & cos\left(\theta - \frac{4\pi}{3}\right) \\ cos\left(\theta - \frac{4\pi}{3}\right) & cos\left(\theta - \frac{2\pi}{3}\right) & cos(\theta) \end{bmatrix}$$

Daí que

M_s É a indutância entre duas fases do estator

M_rÉ a indutância entre duas fases do rotor

L_s A indutância do estator é

L_r É a indutância do rotor

Como o modelo dado pelas três fases é complicado, é necessário utilizar uma transformação do sistema. Por conseguinte, as equações a derivar baseiam-se na transformação do modelo matemático do modelo trifásico num modelo bifásico, utilizando as técnicas de transformação de Clarke e Park.

A. Equações eléctricas e equações mecânicas da máquina assíncrona

As equações eléctricas do AM baseiam-se na transformação do modelo matemático de trifásico para bifásico utilizando a técnica de transformação de Park. Onde as equações do motor com pulsação do rotor $\omega_r = \omega_s - p\Omega_r$ em ambas as fases são dadas por [2[26], [227]:

- Equações das tensões do estator e do rotor no referencial dq

$$V_{sd} = R_s i_{sd} + \dot{\varphi}_{sd} - \omega_s \varphi_{sq} \text{(II.7)}$$

$$V_{sq} = R_s i_{sq} + \dot{\varphi}_{sq} + \omega_s \varphi_{sd} \text{(II.8)}$$

$$V_{rd} = R_r i_{rd} + \dot{\varphi}_{rd} - \omega_r \varphi_{rq} \text{(II.9)}$$

$$V_{rq} = R_r i_{rq} + \dot{\varphi}_{rq} + \omega_r \varphi_{rd} \text{(II.10)}$$

- Equações dos fluxos do estator e do rotor no referencial dq

$$\varphi_{sd} = L_s i_{sd} + M i_{rd} \qquad \text{(II.11)}$$

$$\varphi_{sq} = L_s i_{sq} + M i_{rq} \tag{II.12}$$

$$\varphi_{rd} = L_s i_{rd} + M i_{sd} \tag{II.13}$$

$$\varphi_{rq} = L_s i_{rq} + M i_{sq} \tag{II.14}$$

O binário eletromagnético é obtido a partir das seguintes equações:

$$\begin{aligned} C_e &= pM(\varphi_{sd} i_{sq} - \varphi_{sq} i_{sd}) \\ C_e &= pM(\varphi_{rq} i_{rd} - \varphi_{rd} i_{rq}) \\ C_e &= \frac{pM}{L_r}(\varphi_{rd} i_{sq} - \varphi_{rq} i_{sd}) \\ C_e &= \frac{pM}{L_r}(\varphi_{sq} i_{rd} - \varphi_{sd} i_{rq}) \end{aligned} \tag{II.15}$$

A velocidade mecânica é deduzida da lei fundamental da mecânica geral da seguinte forma:

$$J_m \dot{\Omega}_r = C_e - f_m \Omega_r - C_r \tag{II.16}$$

Onde

C_e Binário eletromagnético

C_r Binário resistivo

f_m Coeficiente de ficção

J_m Momento de inércia

I.2.5. Aplicação

Os parâmetros IM são tradicionalmente estimados utilizando três métodos offline bem conhecidos. O ensaio em corrente contínua, o ensaio em vazio e o ensaio com rotor bloqueado [223]. Estes métodos são simples, mas muito aproximados. Além disso, como a máquina está acoplada a uma carga mecânica, a realização destes ensaios num ambiente industrial é bastante difícil. Além disso, o serviço deve ser interrompido durante a realização destes ensaios [228]. Para ultrapassar estes desafios, encontra-se na literatura uma vasta gama de técnicas para determinar os parâmetros do motor de indução [2[29], [330].

Por ser rápido, eficiente e fácil de implementar, o algoritmo dos mínimos quadrados recursivos (RLS) é uma técnica de identificação popular. Neste domínio, foram desenvolvidos vários estudos sobre a estimação de parâmetros de máquinas de indução com base no algoritmo RLS. Em [3[31]o RCM é utilizado para estimar os parâmetros em estado estacionário do MI. Em [3[32]é utilizado um filtro BUTTERWORTH para reduzir o efeito do ruído e melhorar a estimativa. Em [3[33]-[335]o algoritmo MCR é utilizado com um controlador FOC para estimar os parâmetros MI variáveis no tempo e melhorar o desempenho do controlo. Estes métodos dão bons resultados. No entanto, sabe-se que o algoritmo MCR é sensível ao ruído, e estes estudos são efectuados no estado estacionário da máquina quando a velocidade é considerada constante.

Este trabalho é dedicado à estimativa dos parâmetros internos do GI, que incluem a resistência do estator R_sa resistência do rotor R_ra indução do estator Ls, a indução do rotor L_re a indutância de magnetizaçãoM, . Em comparação com trabalhos anteriores, o presente estudo tem como objetivo estimar os parâmetros do MI enquanto a velocidade é variável utilizando o filtro linear KALMAN considerando um perfil de velocidade variável. De seguida, estamos interessados em modelar o MI no referencial αβ, considerando as várias hipóteses simplificadoras. Este modelo é utilizado para desenvolver uma nova equação de regressão para a estimação de parâmetros. Em seguida, é introduzido o KF utilizado para a estimação de parâmetros. Os resultados do método proposto são depois discutidos. Finalmente, uma conclusão geral encerra este capítulo.

A. Modelo de máquina assíncrona utilizado para a estimativa dos parâmetros

A primeira etapa do processo de estimativa consiste em definir um modelo adequado do sistema. Este modelo deve refletir com a maior precisão possível todos os fenómenos que o projetista procura realçar, de modo a prever o comportamento do sistema físico nos regimes dinâmico e estático. No entanto, as máquinas eléctricas são demasiado complexas para poderem incluir na modelização todos os fenómenos físicos a que estão sujeitas. É portanto indispensável introduzir algumas hipóteses simplificadoras clássicas que não alteram em nada a validade do modelo da máquina.

O modelo é representado num quadro de referência dq com as equações IV-7 a IV-15 e é utilizado para controlo linear, como o controlo direto e indireto da orientação do fluxo, que requer o ângulo do estator. No entanto, para o controlo não linear e a estimativa de estados e parâmetros, o modelo mais utilizado é o modelo αβ, que não requer a estimativa do ângulo do estator. Para construir o modelo αβ apenas a partir do modelo dq, o ângulo do estator deve ser fixado em zero θ_se, por conseguinte $\omega_s = 0$e, por conseguinte, a pulsação do rotor $\omega_r = p\Omega_r$. Por conseguinte, o modelo da máquina de indução em gaiola de esquilo é dado pelas equações seguintes. [3[36]:

$$\frac{d\varphi_{s\alpha}}{dt} = V_{s\alpha} - R_s i_{s\alpha} \quad \text{(II.17)}$$

$$\frac{d\varphi_{s\beta}}{dt} = V_{s\beta} - R_s i_{s\beta} \quad \text{(II.18)}$$

$$V_{r\alpha} = 0 = R_r i_{r\alpha} - \dot{\omega}_r \varphi_{r\beta} + \frac{d\varphi_{r\alpha}}{dt} \quad (II.19)$$

$$V_{r\beta} = 0 = R_r i_{r\beta} + \dot{\omega}_r \varphi_{r\alpha} + \frac{d\varphi_{r\beta}}{dt} \quad (II.20)$$

$$\varphi_{s\alpha} = L_s i_{s\alpha} + M i_{r\alpha} \quad (II.21)$$

$$\varphi_{s\beta} = L_s i_{s\beta} + M i_{r\beta} \quad (II.22)$$

$$\varphi_{r\alpha} = M i_{s\alpha} + L_r i_{r\alpha} \quad (II.23)$$

$$\varphi_{r\beta} = M i_{s\beta} + L_r i_{r\beta} \quad (II.24)$$

$(\varphi_{s\alpha}\varphi_{s\beta})$ Fluxo do estator no quadro de referência $\alpha\beta$.

$(\varphi_{r\alpha}, \varphi_{r\beta})$ Fluxo do rotor no quadro de referência $\alpha\beta$.

$(i_{s\alpha}, i_{s\beta})$ Correntes do estator no quadro de referência $\alpha\beta$.

$(i_{r\alpha}, i_{r\beta})$ Correntes do rotor no $\alpha\beta$.

ω_r Impulso do rotor.

De acordo com (IV-21) e (IV-22), temos

$$i_{r\alpha} = \frac{\varphi_{s\alpha} - L_s i_{s\alpha}}{M} \quad (II.25)$$

$$i_{r\beta} = \frac{\varphi_{s\beta} - L_r i_{s\beta}}{M} \quad (II.26)$$

Substituindo (IV-25) em (IV-23) e (IV-26) em (IV-24), obtém-se.

$$\varphi_{r\alpha} = \frac{L_r}{M}\varphi_{s\alpha} + \left(M - \frac{L_r L_s}{M}\right) i_{s\alpha} \quad (II.27)$$

$$\varphi_{r\beta} = \frac{L_r}{M}\varphi_{s\beta} + \left(M - \frac{L_r L_s}{M}\right) i_{s\beta} \quad (II.28)$$

Substituição de (IV-27) e (IV-28) em (IV-19) :

$$\frac{di_{s\alpha}}{dt} = -\frac{R_r L_s + R_s L_r}{\sigma L_s L_r} i_{s\alpha} - p\Omega_r i_{s\beta} + \frac{R_r}{\sigma L_s L_r}\varphi_{s\alpha} + \frac{p\Omega_r}{\sigma L_s}\varphi_{s\beta} + \frac{V_{s\alpha}}{\sigma L_s} \quad (II.29)$$

Substituição de (IV-27) e (IV-27) em (IV-20) :

$$\frac{di_{s\beta}}{dt} = p\Omega_r i_{s\alpha} - \frac{R_r L_s + R_s L_r}{\sigma L_s L_r} i_{s\beta} - \frac{p\Omega_r}{\sigma L_s}\varphi_{s\alpha} + \frac{R_r}{\sigma L_s L_r}\varphi_{s\beta} + \frac{V_{s\beta}}{\sigma L_s} \quad (II.30)$$

Com

$$\sigma = \left(1 - \frac{M^2}{L_s L_r}\right)$$

$\omega_r = p\Omega_r$

Ω_ré a velocidade do rotor, e σ é o fator de fuga.

Por integração de (IV-17) e (IV-18), temos

$$\varphi_{s\alpha} = -R_s \int_0^T i_{s\alpha} dT + \int_0^T V_{s\alpha} dt + C_1 \quad \text{(II.31)}$$

$$\varphi_{s\beta} = -R_s \int_0^T i_{s\beta} dT + \int_0^T V_{s\beta} dT + C_2 \quad \text{(II.32)}$$

E utilizando (IV-31) e (IV-23) em (IV-29) :

$$\frac{di_{s\alpha}}{dT} = -\frac{R_rL_s+R_sL_r}{\sigma L_sL_r} i_{s\alpha} - p\Omega_r i_{s\beta} - \frac{R_rR_s}{\sigma L_sL_r}\int_0^T i_{s\alpha} dT + \frac{R_r}{\sigma L_sL_r}\int_0^T V_{s\alpha} dt - \frac{pR_s}{\sigma L_s}\Omega_r \int_0^T i_{s\beta} dt + \frac{p}{\sigma L_s}\Omega_r \int_0^T V_{s\beta} dt + \frac{1}{\sigma L_s} V_{s\alpha} + \frac{pC_2}{\sigma L_s}\Omega_r + C_3 \quad \text{(II.33)}$$

Integrando a equação (IV-33), obtém-se

$$i_{s\alpha} = -\frac{R_rL_s + R_sL_r}{\sigma L_sL_r}\int_0^T i_{s\alpha} dt - p\int_0^T \Omega_r i_{s\beta} dt - \frac{R_rR_s}{\sigma L_sL_r}\int_0^T\int_0^T i_{s\alpha} dt^2 + \frac{R_r}{\sigma L_sL_r}\int_0^T\int_0^T V_{s\alpha} dt^2 - \frac{pR_s}{\sigma L_s}\int_0^T \left(\Omega_r \int_0^T i_{s\beta} dt\right) dt + \frac{p}{\sigma L_s}\int_0^T \left(\Omega_r \int_0^T V_{s\beta} dt\right) dt + \frac{1}{\sigma L_s}\int_0^T V_{s\alpha} dt + \frac{pC_2}{\sigma L_s}\int_0^T \Omega_r dt + C_3 \cdot t + C_4$$

(II.34)

A equação (IV-34) não utiliza os sinais de fluxo do rotor, que são considerados difíceis de medir, e é linear nos coeficientes θ e pode ser expressa como a equação (IV-35). A forma de revestimento deste modelo de máquina permite que o procedimento de identificação FK discutido na secção seguinte calcule os parâmetros eléctricos dos motores.

$$Y = \Psi \cdot \theta \quad \text{(II.35)}$$

Com

$$\psi = [\psi_1 \quad \psi_2 \quad \psi_3 \quad \psi_4 \quad \psi_5 \quad \psi_6 \quad \psi_7 \quad \psi_9 \quad \psi_9 \quad \psi_{10}]$$
$$\theta = [-\theta_1 \quad -\theta_2 \quad -\theta_3 \quad \theta_4 \quad -\theta_5 \quad \theta_6 \quad \theta_7 \quad \theta_9 \quad \theta_9 \quad \theta_{10}]^T$$
$$Y = i_{s\alpha}$$

Daí que

$\theta_1 = \left(\frac{R_s}{\sigma L_s} + \frac{R_r}{\sigma L_r}\right)$	$\theta_2 = p$	$\theta_3 = \frac{R_s R_r}{\sigma L_s L_r}$	$\theta_4 = \frac{R_r}{\sigma L_s L_r}$
$\theta_5 = \frac{pR_s}{\sigma L_s}$	$\theta_6 = \frac{p}{\sigma L_s}$	$\theta_7 = \frac{1}{\sigma L_s}$	$\theta_8 = \frac{pC_2}{\sigma L_s}$
$\theta_9 = C_3$	$\theta_{10} = C_4$		

E

$\psi_1 = \int_0^T i_{s\alpha} dt$	$\psi_2 = \int_0^T \Omega_r i_{s\beta} dt$	$\psi_3 = \int_0^T \int_0^T i_{s\alpha} dt^2$	$\psi_4 = \int_0^T \int_0^T V_{s\alpha} dt^2$
$\psi_5 = \int_0^T \left(\Omega_r \int_0^T i_{s\beta} dt\right) dt$	$\psi_6 = \int_0^T \left(\Omega_r \int_0^T V_{s\beta} dt\right) dt$	$\psi_7 = \int_0^T V_{s\alpha} dt$	$\psi_8 = \int_0^T \Omega_r dt$
$\psi_9 = t$	$\psi_{10} = 1$		

Finalmente, podemos obter as fórmulas para os parâmetros do motor, que incluem as resistências do estator e do rotor $\hat{R}_s$ e $\hat{R}_r$ as indutâncias magnéticas $\hat{L}_s, \hat{L}_r$ e $\hat{M}$ e o coeficiente de fuga magnética $\hat{\sigma}$ assumindo $L_s = L_r$ e utilizando as relações abaixo.

$\hat{p} = \hat{\theta}_2$	$\hat{R}_s = \frac{\hat{\theta}_5}{\hat{\theta}_6}$	$\hat{R}_r = \frac{\hat{\theta}_1}{\hat{\theta}_7} - \frac{\hat{\theta}_5}{\hat{\theta}_6}$
$\hat{L}_s = \hat{L}_r = \hat{L}_{sr} = \frac{\hat{\theta}_1\hat{\theta}_6 - \hat{\theta}_5\hat{\theta}_7}{\hat{\theta}_4\hat{\theta}_6}$	$\hat{\sigma} = \frac{\hat{\theta}_4\hat{\theta}_6\hat{\theta}_7}{\hat{\theta}_1\hat{\theta}_6 - \hat{\theta}_5\hat{\theta}_7}$	$M^2 = (1-\sigma)\hat{L}_{sr}^2$

B. Filtro KALMAN para estimativa de parâmetros

Nesta secção, descrevemos o algoritmo do filtro KALMAN utilizado para estimar os parâmetros da máquina assíncrona. Consideramos um sistema estocástico definido por :

$$y(k) = \psi^T(k)\theta + v(k) \tag{II.36}$$

Onde $y(k)$ é a observação, $v(k)$são os sinais de ruído, $\psi(k)$ é o regressor, θ são os parâmetros do sistema.

Para estimar os parâmetros desconhecidos $\hat{\theta}$introduzimos o seguinte filtro KALMAN recursivo [3[37], [338].

$$\hat{\theta}(k) = \hat{\theta}(k-1) + \frac{P(k-1)\psi^T(k)}{R+\psi(k)P(k-1)\psi^T(k)}\left(y(k) - \psi(k)\hat{\theta}(k-1)\right) \tag{II.37}$$

$$P(k) = P(k-1) - \frac{P(k-1)\psi_k^T\psi(k)P(k-1)}{R+\psi(k)P(k-1)\psi^T(k)} + Q \tag{II.38}$$

Ou,

- $Q = Ew(k)w^T(k)$é obtido considerando o seguinte modelo dos parâmetros do sistema $\theta(k) = \theta(k-1) + w(k)$
- $R = Ev^2(k)$

Em que Q > 0, R > 0, $\hat{\theta}(0)$e $P(0)$ são determinísticos e podem ser escolhidos arbitrariamente. De acordo com [3[38]podemos estimar os parâmetros variáveis no tempo através da estimativa de Q e R. No entanto, neste trabalho assumimos que os parâmetros são constantes.

Note-se que se Q = 0 e R = 1, obtém-se o algoritmo dos mínimos quadrados recursivo.

I.2.6. Simulação e resultados

A simulação do método de estimação proposto é efectuada com o MATLAB, utilizando os valores numéricos dos parâmetros a seguir indicados:

Tabela 9: Valores nominais dos parâmetros da máquina assíncrona

Parâmetro	Valor nominal
R_s	0.436
R_r	0.8160
M	0.0693
$L_s = L_r$	0.0713

Em seguida, as entradas ($V_{s\alpha}$,$V_{s\beta}$)e as saídas ($i_{s\alpha}, i_{s\beta}$, Ω_r)do MI foram medidas com um tempo de amostragem de $10^{-4}s$e poluídas com um sinal de ruído branco. Os sinais obtidos são apresentados nas7 e 8. Estes sinais são utilizados para construir o regressorΨ descrito pela equação (9) utilizando a integração TRAPEZ.

Em seguida,o algoritmo do filtro linear KALMAN, abordado na secção 3, é utilizado para estimar os coeficientes θ. A descrição da técnica de estimação é apresentada na .

Os resultados obtidos são apresentados na30 a 37. Os resultados da simulação para os valores estimados e nominais dos coeficientes θ_1 à $\theta_7$são apresentados nas 30 à 37. Este último indica que as estimativas convergem para os valores nominais em estado estacionário com pouco erro de estimativa.

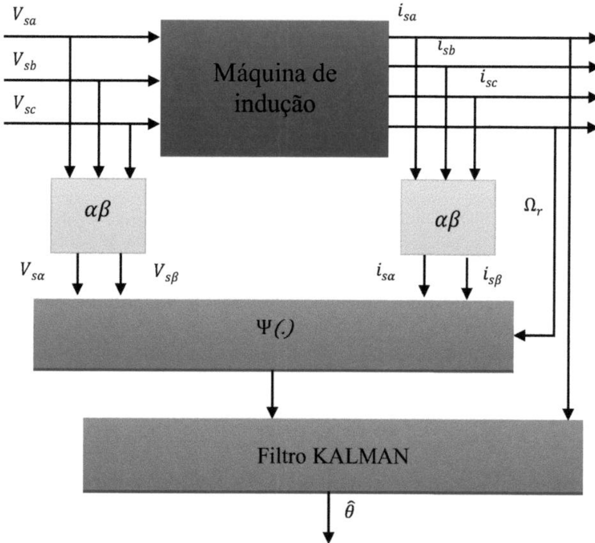

Fig.27.Implementação do filtro KALMAN para identificação de parâmetros

Ao estimar os coeficientes θ, obtemos os parâmetros estimados $\hat{R}_s, \hat{R}_r, \hat{L}_s, \hat{L}_r andM$ utilizando as equações da secção 2. Os resultados são apresentados no quadro seguinte.

Tabela 10. Comparação entre os valores nominais e estimados s

Parâmetro	Valor nominal	Valor estimado	Erro de estimativa

R_s	0.436	0.4342	0.4128%
R_r	0.8160	0.8166	0.0735%
$L_s = L_r$	0.0713	0.07433	4.2496%
M	0.0693	0.7229	4.3290%

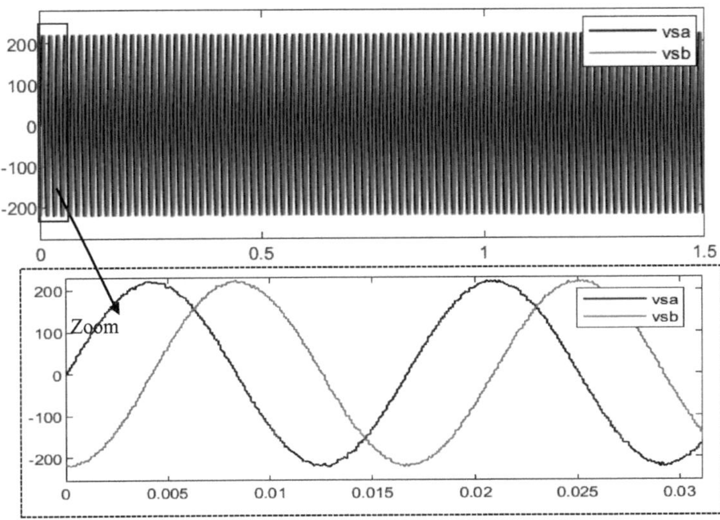

Fig.28 Medição da tensão do estator Vsa Vsb

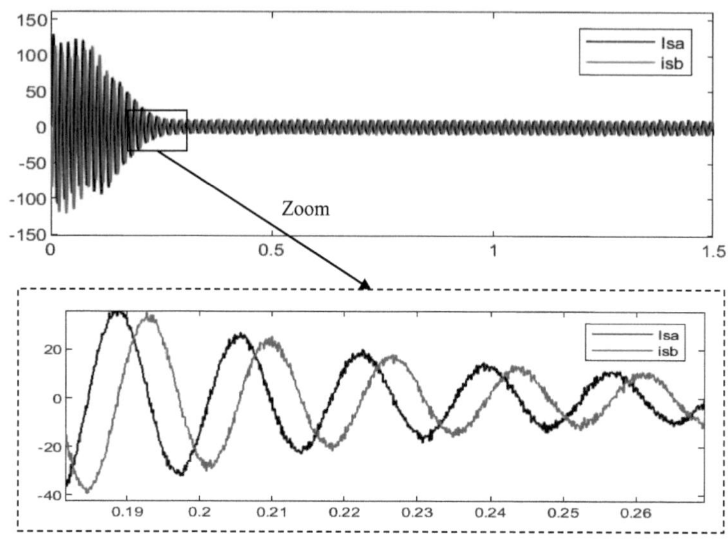

Fig.29.Isa Medições da corrente do estator Isb

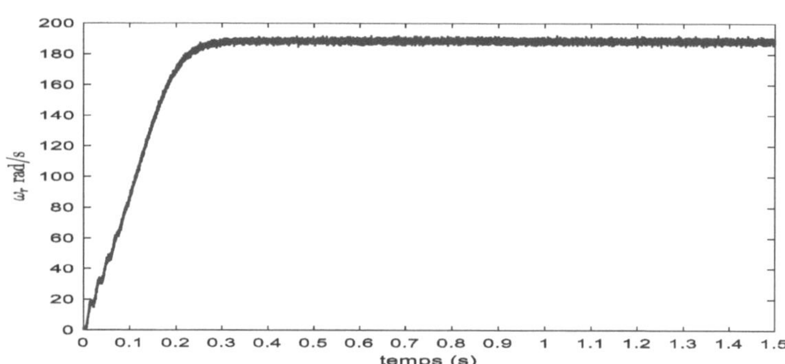

Fig.30.Medição da velocidade do rotor

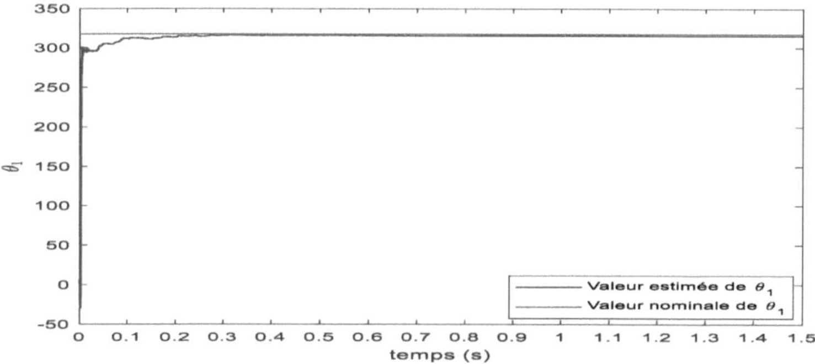

Fig. 31. Comparação entre os valores estimados e nominais do parâmetro θ_1

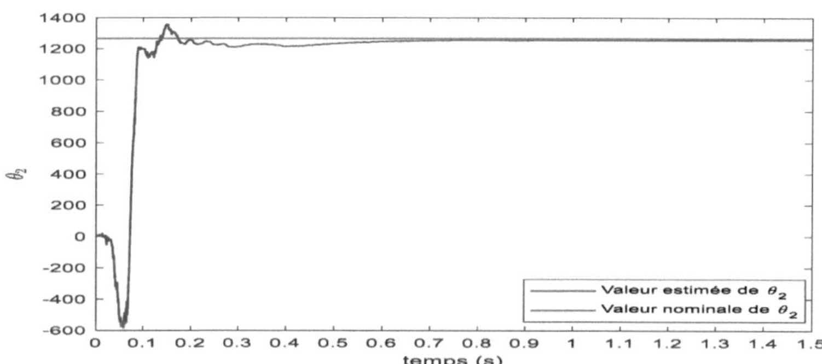

Fig.32.Comparação entre os valores estimados e nominais do parâmetro θ_2

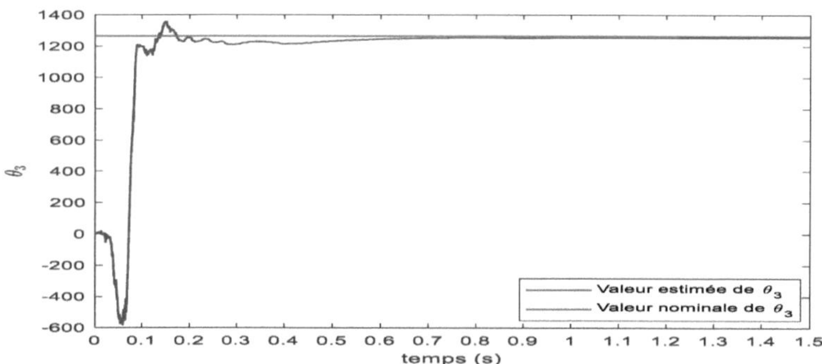

Fig.33.Comparação entre os valores estimados e nominais do parâmetro θ_3

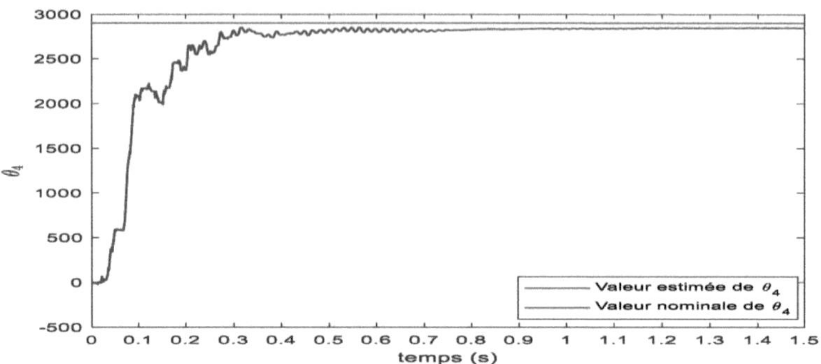

Fig.34.Comparação entre os valores estimados e nominais do parâmetro θ_4

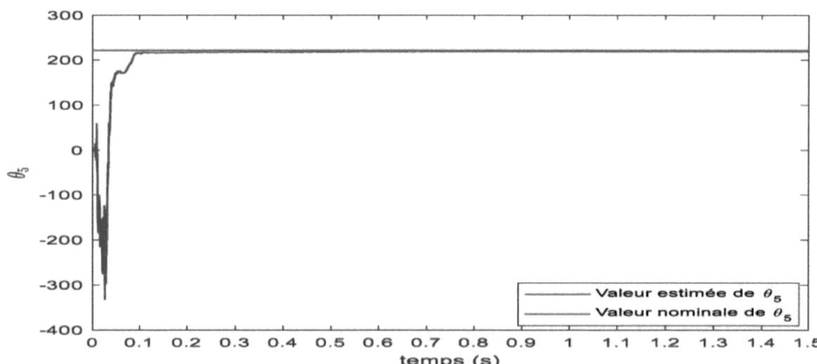

Fig.35.Comparação entre os valores estimados e nominais do parâmetro θ_5

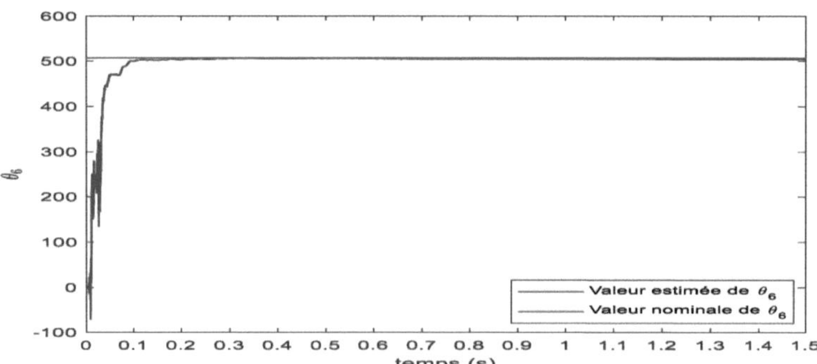

Fig.36.Comparação entre os valores estimados e nominais do parâmetro θ_6

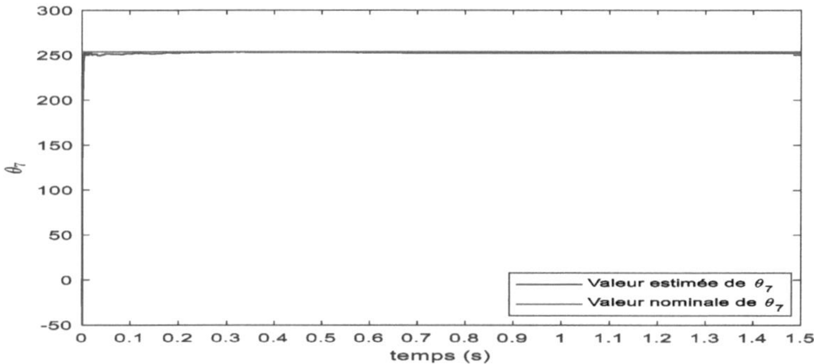

Fig.37.Comparação entre os valores estimados e nominais do parâmetro θ_7

I.2.7. Conclusão do capítulo

Neste trabalho, é utilizado um método baseado no algoritmo do filtro KALMAN para identificar os parâmetros eléctricos de um motor de indução, utilizando as correntes e tensões do estator e a velocidade do rotor. Para o efeito, estes sinais medidos foram utilizados para desenvolver um regressor, que foi utilizado com o filtro KALMAN para efetuar a estimativa. Os resultados mostram que os parâmetros estimados obtidos estão próximos dos valores de referência para o MI considerado. Isto demonstra a fiabilidade do método de identificação proposto para estimar os parâmetros do motor de indução.

Referências do capítulo 2

[1] H. Ouadi, A. Barra, and K. El Majdoub, "NONLINEAR CONTROL FOR GRID CONNECTED WIND ENERGY SYSTEM WITH MULTILEVEL INVERTER," vol. 12, no. 4, 2017, Acessado em: 05 de outubro de 2022. [Online]. Disponível: www.arpnjournals.com

[2] R. Padilha, R. Zelir, C. Cauduro, and H. Abilio, "Identificação de Parâmetros Eléctricos de um Motor de Indução Monofásico através do Algoritmo RLS," *Induction Mot. - Model. Control*, 2012, doi: 10.5772/37664.

[3] B. Reddy, G. Poddar, e B. P. Muni, "Parameter Estimation and Online Adaptation of Rotor Time Constant for Induction Motor Drive," *IEEE Trans. Ind. Appl.* vol. 58, no. 2, pp. 1416-1428, 2022, doi: 10.1109/TIA.2022.3141700.

[4] F. Karami, J. Poshtan, and M. Poshtan, "Detection of broken rotor bars in in induction motors using nonlinear Kalman filters," *ISA Trans.* vol. 49, no. 2, pp. 189-195, 2010, doi: 10.1016/j.isatra.2009.11.005.

[5] S. Ayasun e C. O. Nwankpa, "Testes de motores de indução utilizando MATLAB/Simulink e a sua integração em cursos de licenciatura em máquinas eléctricas", *IEEE Trans. Educ*, vol. 48, no. 1, pp. 37-46, 2005, doi: 10.1109/TE.2004.832885.

[6] M. Aminu, P. K. Ainah, M. Abana e U. A. Abu, "Identification of induction machine parameters using only no-load test measurements," *Niger. J. Technol*, vol. 37, no. 3, pp. 742-748, Jul. 2018, doi: 10.4314/njt.v37i3.25.

[7] S. Sehra, K. K. Gautam, e V. Bhuria, "AVALIAÇÃO DO DESEMPENHO DO MOTOR DE INDUÇÃO TRIFÁSICO COM BASE NO ENSAIO DE ROTADOR SEM CARGA E BLOQUEADO, UTILIZANDO O MATLAB".

[8] M. Yazdani-Asrami *et al*, "Parameters Estimation Tests of Induction Machine Using Matlab/Simulink," *J. Phys. Conf. Ser.* 1973, no. 1, p. 012109, Aug. 2021, doi: 10.1088/1742-6596/1973/1/012109.

[9] F. L. Mapelli, A. Bezzolato, e D. Tarsitano, "A rotor resistance MRAS estimator for induction motor traction drive for electrical vehicles," *Proc. - 2012 20th Int. Conf. Electr. Mach. ICEM 2012*, pp. 823-829, 2012, doi: 10.1109/ICELMACH.2012.6349972.

[10] T. M. Rowan, R. J. Kerkman, and D. Leggate, "A Simple On-Line Adaption for Indirect Field Orientation of an Induction Machine," *IEEE Trans. Ind. Appl.* vol. 27, no. 4, pp. 720-727, 1991, doi: 10.1109/28.85488.

[11] H. Madadi Kojabadi, "Active power and MRAS based rotor resistance identification of an IM drive," *Simul. Model. Pract. Theory*, vol. 17, no. 2, pp. 376-389, Feb. 2009, doi: 10.1016/J.SIMPAT.2008.09.014.

[12] M. Munshi e S. G. Choudhuri, "Model Reference Adaptive System using Rotor Flux and Back Emf techniques for speed estimation of an Induction Motor operated in Vetor Control mode: A comparative study," *2016 IEEE Uttar Pradesh Sect. Int. Conf. Electr. Comput. Electron. Eng. UPCON 2016*, pp. 44-49, Abr. 2017, doi: 10.1109/UPCON.2016.7894622.

[13] X. Yu, M. W. Dunnigan e B. W. Williams, "A novel rotor resistance identification method for an indirect rotor flux-orientated controlled induction machine system," *IEEE Trans. Power Electron*, vol. 17, no. 3, pp. 353-364, maio de 2002, doi: 10.1109/TPEL.2002.1004243.

[14] T. Orlowska-Kowalska, "Application of extended Luenberger observer for flux and rotor time-constant estimation in in induction motor drives," *IEE Proc. D Control Theory Appl.*, vol. 136, no. 6, pp. 324-330, 1989, doi: 10.1049/IP-

D.1989.0043/CITE/REFWORKS.

[15] T. Du, P. Vas, and F. Stronach, "Design and application of extended observers for joint state and parameter estimation in high-performance AC drives," *IEE Proc. Electr. Power Appl.* vol. 142, no. 2, pp. 71-78, Mar. 1995, doi: 10.1049/IP-EPA:19951701.

[16] L. C. Zai, C. L. DeMarco, and T. A. Lipo, "An Extended Kalman Filter Approach to Rotor Time Constant Measurement in PWM Induction Motor Drives," *IEEE Trans. Ind. Appl.* vol. 28, no. 1, pp. 96-104, 1992, doi: 10.1109/28.120217.

[17] F. J. Lin, "Robust speed-controlled induction-motor drive using EKF and RLS estimators," *IEE Proc. Electr. Power Appl*, vol. 143, no. 3, pp. 186-192, 1996, doi: 10.1049/IP-EPA:19960287.

[18] J. Campbell e M. Sumner, "Practical sensorless induction motor drive employing an artificial neural network for online parameter adaptation," *IEE Proc. Electr. Power Appl*, vol. 149, no. 4, pp. 255-260, Jul. 2002, doi: 10.1049/IP-EPA:20020289.

[19] D. Fodor, G. Griva, and F. Profumo, "Compensation of parameters variations in in induction motor drives using a neural network," *PESC Rec. - IEEE Annu. Power Electron. Spec. Conf.* vol. 2, pp. 1307-1311, 1995, doi: 10.1109/PESC.1995.474983.

[20] B. Karanayil, M. F. Rahman e C. Grantham, "Online stator and rotor resistance estimation scheme using artificial neural networks for vetor controlled speed sensorless induction motor drive," *IEEE Trans. Ind. Electron*, vol. 54, no. 1, pp. 167-176, Feb. 2007, doi: 10.1109/TIE.2006.888778.

[21] S. M. Gadoue, D. Giaouris, e J. W. Finch, "MRAS sensorless vetor control of an induction motor using new sliding-mode and fuzzy-logic adaptation mechanisms," *IEEE Trans. Energy Convers.* vol. 25, no. 2, pp. 394-402, Jun. 2010, doi: 10.1109/TEC.2009.2036445.

[22] N. Jabbour e C. Mademlis, "Online Parameters Estimation and Autotuning of a Discrete-Time Model Predictive Speed Controller for Induction Motor Drives," *IEEE Trans. Power Electron*, vol. 34, no. 2, pp. 1548-1559, fev. 2019, doi: 10.1109/TPEL.2018.2831459.

[23] H. R. Mohammadi e A. Akhavan, "Parameter Estimation of Three-Phase Induction Motor Using Hybrid of Genetic Algorithm and Particle Swarm Optimization," *J. Eng. (United Kingdom)*, vol. 2014, 2014, doi: 10.1155/2014/148204.

[24] D. C. Huynh e M. W. Dunnigan, "Parameter estimation of an induction machine using advanced particle swarm optimisation algorithms," *IET Electr. Power Appl*, vol. 4, no. 9, pp. 748-760, Nov. 2010, doi: 10.1049/IET-EPA.2009.0296/CITE/REFWORKS.

[25] M. A. Awadallah, "Parameter Estimation of Induction Machines from Nameplate Data Using Particle Swarm Optimization and Genetic Algorithm Techniques," http://dx.doi.org/10.1080/15325000801911393, vol. 36, no. 8, pp. 801-814 , Aug. 2008. 36, no. 8, pp. 801-814, Aug. 2008, doi: 10.1080/15325000801911393.

[26] S. H. Modélisation, "Modélisation , observation et commande de la machine asynchrone Sofien Hajji To cite this version : HAL Id : tel-01058792 TITLE : Mod '," 2014.

[27] M. Salah-eddine, S. Said, and B. Bahloul, "Parameter Identification of Squirrel Cage Induction Machine using Linear Kalman Filter," pp. 1-6.

[28] Y. S. Mohamed, B. M. Hasaneen, A. A. Elbaset, e A. E. Hussein, "RECURSIVE LEAST SQUARE ALGORITHM FOR ESTIMATING PARAMETERS OF AN INDUCTION MOTOR," *J. Eng. Sci.* 39, no. 1, pp. 87-98, 2011.

[29] J. Tang, Y. Yang, F. Blaabjerg, J. Chen, L. Diao, e Z. Liu, "Parameter identification of inverter-fed induction motors: A review," *Energies*, vol. 11, no. 9, pp. 1-21, 2018, doi: 10.3390/en11092194.

[30] Y. Koubaa, "Recursive identification of induction motor parameters," *Simul. Model.*

Pract. Theory, vol. 12, no. 5, pp. 363-381, Aug. 2004, doi: 10.1016/J.SIMPAT.2004.04.003.

[31] P. Dipanjali Behera *et al*, "On-Line Parameter Identification of a Squirrel Cage Induction Motor," *J. Phys. Conf. Ser.* vol. 1302, no. 2, p. 022054, Aug. 2019, doi: 10.1088/1742-6596/1302/2/022054.

[32] H. Zhang, S. J. Gong, e Z. Z. Dong, "On-line parameter identification of induction motor based on RLS algorithm," in *2013 International Conference on Electrical Machines and Systems, ICEMS 2013*, 2013, pp. 2132-2137. doi: 10.1109/ICEMS.2013.6713208.

[33] L. Yang, X. Peng, and Z. Li, "Induction motor electrical parameters identification using RLS estimation," *2010 Int. Conf. Mech. Autom. Control Eng. MACE2010*, pp. 3294-3297, 2010, doi: 10.1109/MACE.2010.5535653.

[34] T. Kostal e P. Kobrle, "Induction machine on-line parameter identification for resource-constrained microcontrollers based on steady-state voltage model," *Electron.* vol. 10, no. 16, 2021, doi: 10.3390/electronics10161981.

[35] F. Debbabi, A. L. Nemmour, A. Khezzar, e S. E. Chelli, "An approved superiority of real-time induction machine parameter estimation operating in self-excited generating mode versus motoring mode using the linear RLS algorithm: Ideas & applications," *Int. J. Electr. Power Energy Syst.* vol. 118, no. novembro de 2019, pp. 105725, 2020, doi: 10.1016/j.ijepes.2019.105725.

[36] M. Boufadene, "Modelação e Controlo de Máquinas AC usando MATLAB®/SIMULINK," *Model. Control AC Mach. using MATLAB®/SIMULINK*, no. dezembro de 2018, pp. 1-50, 2018, doi: 10.1201/9780429029653.

[37] L. Guo, "Estimating time-varying parameters by the kaiman filter based algorithm: Stability and convergence," *IEEE Trans. Automat. Contr.* 35, no. 2, pp. 141-147, 1990, doi: 10.1109/9.45169.

[38] A. Isaksson, "Identification of Time Varying Systems Through Adaptive Kalman Filtering", *IFAC Proc. Vol.* 20, no. 5, pp. 305-310, 1987, doi: 10.1016/s1474-6670(17)55517-2.

Axe 2. Modelação de sistemas de atrasos singulares

Capítulo III: Admissibilidade de sistemas singulares com atrasos variáveis no tempo

Resumo do capítulo III:

Este capítulo tem por objetivo estabelecer e analisar a estabilidade de sistemas descritores lineares contínuos com atrasos variáveis no tempo, com base no conhecido método da função de Lyapunov KRASOVSKI e na técnica da desigualdade matricial linear (LMI). O teorema fundamental é utilizado para verificar não só a estabilidade mas também a admissibilidade, assumindo a regularidade e a ausência de impulsos do sistema descritor em estudo.

O critério estabelecido foi satisfeito utilizando uma abordagem neutra, a transformação do sistema, que permitiu verificar a estabilidade do sistema singular variável no tempo através de um cálculo menos complicado. Para além desta nova forma, foi também utilizado um lema de desigualdade integral maior, devido aos seus resultados conservadores. A originalidade desta contribuição foi alcançada através da combinação da técnica de dupla desigualdade e da abordagem neutra para realizar a análise de admissibilidade de um sistema singular com atraso variável no tempo, cujo objetivo é fornecer um critério alternativo dependente do atraso em termos de (LMI), a verificação do teorema proposto foi feita através de uma desigualdade matricial linear programada na plataforma de computação numérica MATLAB.

No final deste capítulo, será apresentado um exemplo numérico utilizando a caixa de ferramentas LMI, de modo a provar a validade e eficiência do método proposto. Será apresentada uma tabela de comparação para mostrar os resultados desenvolvidos noutros trabalhos em relação ao teorema proposto.

II.3.1.Introdução do capítulo :

A análise da estabilidade dos sistemas físicos é uma das principais preocupações no domínio da automação. Para que esta análise seja bem sucedida, os chamados sistemas físicos devem primeiro ser modelados por uma representação matemática do estado. No entanto, duas representações frequentes têm sido amplamente tratadas na literatura: a representação do estado de um sistema regular [1]e a representação do estado de um sistema singular [2].

Estudos efectuados no domínio da automação mostraram que a representação de sistemas singulares (também conhecidos como sistemas com um espaço de estados descritor) descreve melhor os modelos físicos do que a representação de sistemas regulares.

Daí o desenvolvimento maciço de trabalhos dedicados a este eixo por parte dos investigadores, cujo objetivo é obter resultados menos conservadores, dando ao mesmo tempo valores de atrasos superiores aos existentes nos trabalhos anteriores, e mais eficazes.

É sabido que um sistema pode ser estável com um atraso constante, mas se o sistema sofrer atrasos variáveis no tempo, isso pode arruinar a sua estabilidade. Este facto explica a atenção dada a este assunto.

A consideração do fator "atraso variável no tempo" permite contornar o estudo de estabilidade da evolução do sistema no futuro, com base no seu estado atual e nos seus estados anteriores. Estes atrasos podem ser observados em sistemas reais de engenharia, aparecendo no vetor de estado, na medição ou mesmo na entrada.

A influência deste fator pode ser positiva no desempenho do sistema, se este atingir a estabilidade, ou negativa, se reduzir o seu desempenho, provocando vibrações.

Nos últimos anos, muitos artigos de investigação têm-se debruçado sobre a análise da estabilidade de sistemas físicos:

- Sistema regular ou singular com atraso constante, no domínio contínuo ou discreto[[3]-[4].
- Sistemas regulares ou singulares com atrasos variáveis no tempo, no domínio contínuo ou discreto[[5]-[[6].

Esta investigação mostrou que o critério do atraso invariante no tempo é mais conservador se o atraso "τ" for conhecido ou insignificante. No entanto, estes atrasos podem aumentar à medida que o sinal é transmitido de um ponto para outro.

Consequentemente, é preferível trabalhar com um atraso variável no tempo no vetor de estado, geralmente denotado por τ (t), ou h (t).

Neste capítulo, trataremos da análise de admissibilidade do sistema singular de atrasos variáveis no tempo, utilizando o método de Lyapunov-Krasovski, já bastante difundido[7][-[[8] e a técnica da matriz de desigualdade linear (LMI) [9]-[10].

Trabalhos científicos anteriores mostraram que o uso de várias desigualdades facilitou o cálculo das funções derivadas de Lyapunov. Entre essas desigualdades, citamos a desigualdade integral de Jensen [11]a desigualdade integral de Wirtinger[12], etc.

A originalidade deste trabalho reside na implementação da técnica da desigualdade integral dupla na análise de admissibilidade do sistema singular com atraso variável no tempo.

A adoção desta desigualdade foi favorecida devido aos seus resultados conservadores em comparação com as outras desigualdades existentes acima mencionadas.

A primeira parte do capítulo será dedicada a uma descrição do sistema em estudo, com o desenvolvimento da abordagem neutra utilizada.

O teorema proposto e o estudo da estabilidade serão desenvolvidos na segunda parte, onde o cálculo das derivadas funcionais de Lyapunov é ilustrado utilizando a técnica da desigualdade do integral duplo.

Na terceira parte, será apresentado um exemplo académico, com uma comparação de trabalhos anteriores para mostrar a eficácia do teorema sugerido.

No final, será apresentada uma conclusão que resume o trabalho efectuado neste capítulo.

II.3.2.Formulação do problema :

A. Descrição do problema:

Os sistemas descritores com dois atrasos aditivos variáveis no tempo são descritos pela seguinte representação:

$$\begin{cases} E\dot{x}(t) = Ax(t) + A_d x(t-\tau(t)) \\ x(t) = \delta(t), \quad t \in [-\tau(t), 0] \end{cases} \tag{III. 1}$$

x(t) é o vetor de estado definido em $\mathbb{R}^n$E (matriz singular),A, B, C e D descrevem matrizes reais, constantes, de dimensões adequadas, com os vectores de estado, de controlo e de saída,τ (t) é um atraso variável no tempo, que satisfaz a condição ∀ t > 0.

- **Pressuposto 1:**

Neste trabalho, partimos dos dois pressupostos seguintes:

$$0 \leq \tau(t) \leq \bar{\tau} \tag{III. 2}$$

$$0 \leq \dot{\tau(t)} \leq \bar{d} \tag{III. 3}$$

$\bar{\tau}$é um determinado limite do atraso, $\overline{d}$ é a derivada temporal dependente do atraso . Os lemas e definições mencionados no Capítulo 2 foram utilizados para criar os principais resultados.

B. Transformação do modelo :

É sabido que um sistema neutro não é equivalente ao sistema descritor. No entanto, a abordagem é explorada de modo a que a estabilidade assintótica do primeiro sistema garanta a admissibilidade do sistema singular e vice-versa. Para o efeito, a representação neutra será utilizada neste trabalho para verificar a estabilidade do sistema singular.

$$\begin{cases} \dot{\mu}(t) - \hat{C}(t)\dot{\mu}(t-h(t)) = \hat{A}\mu(t) + \hat{A}_d\mu(t-h(t)) \\ \mu(t) = \varphi(t) \qquad t\in[-h(t), 0] \end{cases} \tag{III. 4}$$

Para o efeito, é definida a seguinte representação:

As matrizes declaradas são :

$$\widehat{\mathrm{A}} = \begin{bmatrix} A_1 & 0 \\ 0 & -I_{n-r} \end{bmatrix}; \quad \hat{A}_d = \begin{bmatrix} A_{d_1} & A_{d_2} \\ -A_{d_3} & -A_{d_4} \end{bmatrix}; \quad \hat{C}(t) = \left(1 - \dot{h}(t)\right)\begin{bmatrix} 0 & 0 \\ -A_{d_3} & -A_{d_4} \end{bmatrix}; \quad \text{(III. 5)}$$

i. **Prova de transformação do modelo:**

Se o par (E,A) for regular e sem impulsos, então existem duas matrizes invertíveis $M \in \mathbb{R}^{n*n}$ e $N \in \mathbb{R}^{n*n}$ tais que :

$$\text{HOMENS} = \begin{bmatrix} Ir & 0 \\ 0 & 0 \end{bmatrix} \qquad \text{MAN} = \begin{bmatrix} A_1 & 0 \\ 0 & I_{n-r} \end{bmatrix} \qquad \text{(III. 6)}$$

De acordo com este lema e com o objetivo de criar a abordagem neutra, podemos reescrever os termos anteriores da seguinte forma.

$$\text{HOMENS} = \bar{E} \qquad \overline{\mathrm{E}} = \begin{bmatrix} Ir & 0 \\ 0 & 0 \end{bmatrix} \qquad \text{(III.7)}$$

$$\text{HOMEM} = \overline{\mathrm{A}} \qquad \overline{\mathrm{A}} = \begin{bmatrix} A_1 & 0 \\ 0 & I_{n-r} \end{bmatrix} \qquad \text{(III. 8)}$$

Parte-se do princípio de que:

$$MA_dN = \overline{A}_d = \begin{bmatrix} A_{d_1} & A_{d_2} \\ A_{d_3} & A_{d_4} \end{bmatrix} \qquad N^{-1}\mu x(t) = (t) = \begin{bmatrix} \mu_1(t) \\ \mu_2(t) \end{bmatrix} \qquad \text{(III. 9)}$$

Se as dimensões forem compatíveis com $\bar{E}$ o sistema singular torna-se equivalente a :

$$\overline{\mathrm{E}}\,\dot{\mu}(t) = \overline{\mathrm{A}}\mu(t) + \overline{\mathrm{A}}_d\mu(t - h(t)) \qquad \text{(III. 10)}$$

Utilizando a hipótese (III.10), a expressão (III. 11) pode ser reescrita como :

$$\begin{cases} \dot{\mu}_1(t) = A_1\mu_1(t) + A_{d_1}\mu_1(t - h(t)) + A_{d_2}\mu_2(t - h(t)) \\ \quad 0 = \mu_2(t) + A_{d_3}\mu_1(t - h(t)) + A_{d_4}\mu_2(t - h(t)) \end{cases} \qquad \text{(III. 12)}$$

Depois de derivar a segunda expressão de (III.7), obtemos:

$$\frac{d}{dt}[\mu_2(t) + A_{d_3}\mu_1(t - h(t)) + A_{d_4}\mu_2(t - h(t))] = 0 \qquad \text{(III. 13)}$$

Fundindo as expressões (III.7) e (III.8), encontramos **:**

$$\begin{aligned} \dot{\mu}_2(t) = &-\left(1 - \dot{h}(t)\right)A_{d_3}\dot{\mu}_1\left(t - h(t)\right) - \left(1 - \dot{h}(t)\right)A_{d_4}\dot{\mu}_2\left(t - h(t)\right) \\ &- \mu_2(t) - A_{d_3}\mu_1\left(t - h(t)\right) - A_{d_4}\mu_2\left(t - h(t)\right) \end{aligned} \qquad \text{(III.14)}$$

O novo sistema pode, portanto, ser deduzido da seguinte forma:

$$\begin{bmatrix} \dot{\mu}_1(t) \\ \dot{\mu}_2(t) \end{bmatrix} = \begin{bmatrix} A_1\mu_1(t) + A_{d_1}\mu_1(t - h(t)) + A_{d_2}\mu_2(t - h(t)) \\ -\mu_2(t) - A_{d_3}\mu_1(t - h(t)) + A_{d_4}\mu_2(t - h(t)) \end{bmatrix} + (1- \qquad \text{(III.15)}$$

$$\dot{h}(t))\begin{bmatrix}0 & 0\\ -A_{d_3} & -A_{d_4}\end{bmatrix}\begin{bmatrix}\dot{\mu}_1(t-h(t))\\ \dot{\mu}_2(t-h(t))\end{bmatrix}$$

Definimos as matrizes $\widehat{A}$, $\widehat{A}_d$e $\widehat{C}(t)$ por (III.5):

$$\widehat{A}=\begin{bmatrix}A_1 & 0\\ 0 & -I_{n-r}\end{bmatrix}; \quad \widehat{A}_d=\begin{bmatrix}A_{d_1} & A_{d_2}\\ -A_{d_3} & -A_{d_4}\end{bmatrix}; \quad \widehat{C}(t)=(1-\dot{h}(t))\begin{bmatrix}0 & 0\\ -A_{d_3} & -A_{d_4}\end{bmatrix}$$

A representação do sistema neutro é, portanto, (III.4) . Com base nesta abordagem, procuramos estabelecer o novo critério para verificar a estabilidade do sistema singular dependente de atrasos variáveis no tempo.

II.3.3.Estudo de estabilidade :

O estudo da estabilidade do sistema singular foi abordado em vários projectos de investigação anteriores, utilizando métodos existentes na literatura.

Desde o aparecimento da abordagem neutra [13]a análise da estabilidade tornou-se mais fácil.

Nesta secção, será proposto um novo teorema, acompanhado de um desenvolvimento preciso que explica os resultados obtidos.

A. Teorema :

Para a $\bar{\tau}$ o sistema neutro é assintoticamente estável, o que prova a estabilidade do sistema singular. Se existir uma matriz positiva P de dimensão 3n*3n, em que $P=P^T$n*n matriz positiva Q_i (i=1,2) positiva, com $Q_i = Q_i^T$e $R^T=R > 0$.

A próxima desigualdade linear matricial é: $\zeta< 0$

Onde:

$$\zeta=\begin{bmatrix}\zeta_{11} & \zeta_{12} & \zeta_{13} & \zeta_{14} & \zeta_{15}\\ * & \zeta_{22} & \zeta_{23} & \zeta_{24} & \zeta_{25}\\ * & * & \zeta_{33} & \zeta_{34} & \zeta_{35}\\ * & * & * & \zeta_{44} & \zeta_{45}\\ * & * & * & * & \zeta_{55}\end{bmatrix} \quad (III.\ 16)$$

Os elementos da matrizζ são :

$\boldsymbol{\zeta_{11}=P_{11}A_1+2P_{13}-4R+Q+h^2A^T{}_1RA_1+A^T{}_1SA_1}$	$\zeta_{14}=P_{33}-\frac{24R}{\bar{\tau}}$
$\boldsymbol{\zeta_{12}=P_{11}C_1+P_{12}+3R+A^T{}_1S\widehat{A}_d+h^2A^T{}_1R\widehat{A}_d}$	$\zeta_{15}=\frac{60R}{\bar{\tau}}$
$\boldsymbol{\zeta_{13}=-P_{12}+P_{23}+P_{11}\widehat{A}_d+A_1P_{12}+A^T{}_1SC_1+h^2A^T{}_1RC_1}$	$\zeta_{24}=-P_{33}+\frac{36R}{\bar{\tau}}$

$\zeta_{22}=\boldsymbol{P}_{12}\widehat{\boldsymbol{A}}_d-2\boldsymbol{P}_{23}$-Q+$\widehat{\boldsymbol{A}}_d{}^TS\widehat{\boldsymbol{A}}_d$-9R+$\boldsymbol{h}^2\widehat{\boldsymbol{A}}_d{}^TR\widehat{\boldsymbol{A}}_d$	$\zeta_{25}=\frac{-60R}{\bar{\tau}^2}$
$\zeta_{23}=\boldsymbol{P}_{11}\boldsymbol{C}_1+\boldsymbol{P}_{22}+\widehat{\boldsymbol{A}}_d{}^TS\boldsymbol{C}_1+\widehat{\boldsymbol{A}}_d{}^TR\boldsymbol{C}_1$	$\zeta_{35}=0$
$\zeta_{33}=\boldsymbol{C}^T{}_1S\boldsymbol{C}_1$-S+$\boldsymbol{h}^2\boldsymbol{C}^T{}_1R\boldsymbol{C}_1$	$\zeta_{44}=\frac{-192R}{\bar{\tau}^2}$
$\zeta_{34}=\boldsymbol{P}_{23}+\boldsymbol{C}^T{}_1\boldsymbol{P}_{13}$	$\zeta_{45}=\frac{360R}{\bar{\tau}^3}$
$\zeta_{55}=\frac{-720R}{\bar{\tau}^4}$	

B. Prova do teorema:

Por uma questão de complexidade computacional, vamos definir as seguintes matrizes:

$\sigma(t)=[\mu^T(t)\mu^T(t-\tau(t))\int_{t-\tau(t)}^{t}\mu^T(s)ds]^T$

$$\chi^T(t) = \left[\mu^T(t) \quad \mu^T(t-\tau(t)) \quad \dot{\mu}^T(t-\tau(t)) \quad \int_{t-\tau(t)}^{t}\mu(s)^T ds \quad \int_{-\tau(t)}^{t}\int_{u}^{t}\mu(s)^T dsdu\right] \quad \text{(III. 17)} \quad \text{(III. 18)}$$

Para provar a estabilidade do sistema singular (III.1) , é suficiente verificar a estabilidade do sistema neutro (III.4), uma vez que a estabilidade é equivalente entre os dois sistemas.

A função de Lyapunov Krasovski escolhida para este novo critério é :

$$V(\mu_t) = V_1(\mu_t) + V_2(\mu_t) + V_3(\mu_t) + V_4(\mu_t) \quad \text{(III. 19)}$$

As quatro funções que formam a função candidata de Lyapunov são definidas do seguinte modo

$$V_1(\mu_t) = \sigma^T(t)P\,\sigma(t) \quad \text{(III. 20)}$$

$$V_2(\mu_t) = \int_{t-\tau(t)}^{t}\mu^T(s)Q\mu(s)ds \quad \text{(III. 21)}$$

$$V_3(\mu_t) = \int_{t-\tau(t)}^{t}\dot{\mu}(s)^T S\dot{\mu}(s)\,ds \quad \text{(III. 22)}$$

$$V_4(\mu_t) = \tau\int_{-\tau(t)}^{0}\int_{t+\theta}^{t}\dot{\mu}^T(s)R\dot{\mu}(s)dsd\theta \quad \text{(III. 23)}$$

Utilizando a transformação do modelo de Newton-Leibniz, a derivação de $V_1(\mu_t)$dá :

$$\dot{V}_1(\mu_t) = 2\,[\mu^T(t)\mu^T(t-\tau(t))\int_{t-\bar{\tau}}^{t}\mu^T(s)ds]\begin{bmatrix} P_{11} & P_{12} & P_{13} \\ * & P_{22} & P_{23} \\ * & * & P_{33} \end{bmatrix}\begin{bmatrix} \dot{\mu}(t) \\ \dot{\mu}(t-\tau(t)) \\ \int_{t-\bar{\tau}}^{t}\dot{\mu}(s)ds \end{bmatrix} \quad \text{(III.24)}$$

$$=2\sigma^T(t)\begin{bmatrix} P_{11} & P_{12} & P_{13} \\ * & P_{22} & P_{23} \\ * & * & P_{33} \end{bmatrix}\begin{bmatrix} \hat{A}\mu(t) + \hat{A}_d\mu(t-\tau(t)) + \hat{C}\dot{\mu}(t-\tau(t)) \\ \dot{\mu}(t-\tau(t)) \\ \mu(t) - \mu(t-\tau(t)) \end{bmatrix} \quad \text{(III.25)}$$

$$\dot{V}_1(\mu_t) = \begin{bmatrix} \mu(t) \\ \mu(t-\tau(t)) \\ \dot{\mu}(t-\tau(t)) \\ \int_{t-\tau(t)}^{t}\mu(s)ds \\ \int_{-\tau(t)}^{t}\int_{u}^{t}\mu(s)dsdu \end{bmatrix}^T \begin{bmatrix} \alpha_{11} & \alpha_{12} & \alpha_{13} & \alpha_{14} & \alpha_{15} \\ * & \alpha_{22} & \alpha_{23} & \alpha_{34} & \alpha_{25} \\ * & * & \alpha_{33} & \alpha_{34} & \alpha_{35} \\ * & * & * & \alpha_{44} & \alpha_{45} \\ * & * & * & * & \alpha_{55} \end{bmatrix} \begin{bmatrix} \mu(t) \\ \mu(t-\tau(t)) \\ \dot{\mu}(t-\tau(t)) \\ \int_{t-\tau(t)}^{t}\mu(s)ds \\ \int_{-\tau(t)}^{t}\int_{u}^{t}\mu(S)dsdu \end{bmatrix} \quad \text{(III.26)}$$

αOs elementos da matriz são:

$\boldsymbol{\alpha_{11}=P_{11}\hat{A}+\hat{A}^TP_{11}+2P_{13}}$	$\alpha_{12}=P_{11}\hat{A}_d+\hat{A}P_{12}+P_{23}-P_{13}$
$\boldsymbol{\alpha_{13}=P_{11}\hat{C}+P_{12}}$	$\alpha_{14}=P_{33}$
$\boldsymbol{\alpha_{15}}=0$	$\alpha_{22}=P_{12}\hat{A}_d+\hat{A}^T{}_dP_{12}-2P_{23}$
$\boldsymbol{\alpha_{23}=P_{12}\hat{C}+P_{22}}$	$\alpha_{24}=-P_{33}$
$\boldsymbol{\alpha_{25}}=0$	$\alpha_{33}=0$
$\boldsymbol{\alpha_{34}=\hat{C}^TP_{13}+P_{23}}$	$\alpha_{35}=0$
$\boldsymbol{\alpha_{44}}=0$	$\alpha_{45}=0$
$\boldsymbol{\alpha_{55}}=0$	

A derivação de $V_2(\mu_t)$ dá o resultado :

$$\dot{V}_2(\mu_t) = \mu^T(t)Q\mu(t) - (1-d)\,\mu^T(t-\tau(t))Q_1\mu(t-\tau(t)) \quad \text{(III. 27)}$$

$$\dot{V}_2(\mu_t) = \chi(t)^T \begin{bmatrix} Q & 0 & 0 & 0 & 0 \\ * & 0 & 0 & 0 & 0 \\ * & * & -(1-d)Q & 0 & 0 \\ * & * & * & 0 & 0 \\ * & * & * & * & 0 \end{bmatrix} \chi(t) \quad \text{(III. 28)}$$

Calculando a derivada de $V_3(\mu_t)$obtém-se o seguinte :

$$\dot{V}_3(\mu_t) = \left(\mu^T(t)\hat{A}^T + \mu^T(t-\tau(t))\hat{A}_d^T + \dot{\mu}^T(t-\tau(t))\hat{C}^T\right) S \quad \text{(III.29)}$$

$$\left(\hat{A}\mu(t) + \hat{A}_d\mu(t-\tau(t)) + \hat{C}\dot{\mu}(t-\tau(t))\right) - (1-d)$$

$$\dot{\mu}^T(t-\tau(t)) S\, \dot{\mu}(t-\tau(t))$$

A expressão matricial da derivada da terceira função passa a ser :

$$\dot{V}_3(\mu_t) = \chi(t)^T \begin{bmatrix} \delta_{11} & \delta_{12} & \delta_{13} & \delta_{14} & \delta_{15} \\ * & \delta_{22} & \delta_{23} & \delta_{24} & \delta_{25} \\ * & * & \delta_{35} & \delta_{34} & \delta_{35} \\ * & * & * & \delta_{44} & \delta_{45} \\ * & * & * & * & \delta_{55} \end{bmatrix} \chi(t) \quad \text{(III. 30)}$$

Definimos os elementos da matriz δ :

δ_{11}=$\hat{A}^T S\hat{A}$	δ_{22}=$\hat{A}_d^T S\hat{A}_d$	δ_{33}=$\hat{C}^T S\hat{C} - (1-d)S$	δ_{44}=0	δ_{55}=0
δ_{12}=$\hat{A}^T S\hat{A}_d$	δ_{23}=$\hat{A}_d^T S\hat{C}$	δ_{34}=$\hat{A}^T Q_2\hat{C}$	δ_{45}=0	
δ_{13}=0	δ_{24}=0	δ_{35}=0		
δ_{14}=0	δ_{25}=0			
δ_{15}=0				

Depois de derivar $V_4(\mu_t)$ao longo da trajetória do sistema neutro (III.4) :

$$V_4(\dot{\mu_t}) = h(t)[\dot{\mu}^T(t)R\dot{\mu}(t)]\text{-}\int_{t-h(t)}^{t} \dot{\mu}^T(s)R\dot{\mu}(s)ds \quad \text{(III. 31)}$$

A expressão para $\dot{\mu}(t)$ é apresentada na seguinte derivada :

$$\dot{V}_4(\mu_t) = \tau^2(t)\left[\hat{A}\,\mu(t) + \hat{A}_d\mu(t-\tau(t)) + \hat{C}\dot{\mu}(t-\tau(t))\right]^T \mathrm{R}\left[\hat{A}\,\mu(t) + \hat{A}_d\mu(t-\tau(t)) + \hat{C}\dot{\mu}(t-\tau(t))\right]\text{-}\tau \int_{t-h(t)}^{t} \dot{\mu}^T(s)R\dot{\mu}(s)ds \quad \text{(III.32)}$$

O resultado obtido pela derivação da quarta função $V_4(\mu_t)$, será subdividido em dois termos, que serão calculados da seguinte forma:

- **O primeiro termo** :

$$\Gamma = \tau^2(t)\left[\hat{A}\mu(t) + \hat{A}_d\mu\left(t - \tau(t)\right) + \hat{C}\dot{\mu}\left(t - \tau(t)\right)\right]^T .R\left[\hat{A}\mu(t)\hat{A}_d\mu\left(t - \tau(t)\right) + \hat{C}\dot{\mu}\left(t - \tau(t)\right)\right] \tag{III. 33}$$

Sabendo que τ (t) $\leq \bar{\tau}$ o primeiro termo dá a desigualdade (III:34)

$$\Gamma \leq \overline{\tau^2}\chi(t)^T[\hat{A} \quad \hat{A}_d \quad \hat{C} \quad 0 \quad 0]^T R[\hat{A} \quad \hat{A}_d \quad \hat{C} \quad 0 \quad 0]\chi(t) \tag{III. 34}$$

- **O segundo mandato**:

$$\Lambda = -\tau \int_{t-h(t)}^{t} \dot{\mu}^T(s)R\dot{\mu}(s)ds \tag{III. 35}$$

Aplicando a técnica da desigualdade do duplo integral, e tendo em conta a desigualdade (III.2)

A expressão Λ será expandida por

$$\Lambda \leq -\Big\{\frac{1}{\bar{\tau}}\Big[((\mu(t) - \mu(t-\tau(t)))^T R\left(\mu(t) - \mu\left(t-\tau(t)\right)\right)\Big] + \frac{3}{\bar{\tau}}\Big[\mu(t) + \mu\left(t-\tau(t)\right)\frac{2}{\bar{\tau}}\int_{t-\tau(t)}^{t}\mu(s)ds\Big]^T R\Big[\mu(t) + \mu\left(t-\tau(t)\right) - \frac{2}{\bar{\tau}}\int_{t-\tau(t)}^{t}\mu(s)ds\Big] + \frac{5}{\bar{\tau}}\Big[\mu(t) + \mu\left(t-\tau(t)\right) + \frac{6}{\bar{\tau}}\int_{t-\tau(t)}^{t}\mu(s)ds - \frac{12}{\bar{\tau}^2}\int_{-\tau(t)}^{t}\int_{u}^{t}\mu(S)dsdu\Big]^T R\Big[\mu(t) + \mu\left(t-\tau(t)\right) + \frac{6}{\bar{\tau}}\int_{t-\tau(t)}^{t}\mu(s)ds - \frac{12}{\bar{\tau}^2}\int_{-\tau(t)}^{t}\int_{u}^{t}\mu(S)dsdu\Big] \tag{III.36}$$

O termo encontrado (III.36) pode ser reescrito na forma:

$$\Lambda \leq \chi(t)^T \begin{bmatrix} \theta_{11} & \theta_{12} & \theta_{13} & \theta_{14} & \theta_{15} \\ * & \theta_{22} & \theta_{23} & \theta_{24} & \theta_{25} \\ * & * & \theta_{35} & \theta_{34} & \theta_{35} \\ * & * & * & \theta_{44} & \theta_{45} \\ * & * & * & * & \theta_{55} \end{bmatrix} \chi(t) \tag{III. 37}$$

Com :

$\theta_{11} = -4R$	θ_{22}=- 9R	θ_{33}= 0	$\theta_{44}=\frac{-192R}{\bar{\tau}^2}$
θ_{12}=3R	θ_{23}= 0	θ_{34}= 0	$\theta_{45}=\frac{360R}{\bar{\tau}^3}$
θ_{13} =0	$\theta_{24}=\frac{36R}{\bar{\tau}}$	θ_{35}= 0	$\theta_{55}=\frac{-720R}{\bar{\tau}^4}$
$\theta_{14} = \frac{-24}{\bar{\tau}}$	$\theta_{25} = \frac{-60R}{\bar{\tau}^2}$		
$\theta_{15} = \frac{60R}{\bar{\tau}}$			

Combinando os dois termos (III .34) e (III .37) obtém-se a seguinte inequação:

$$\dot{V}_4(\mu_t) \leq \chi(t)^T \begin{bmatrix} \gamma_{11} & \gamma_{12} & \gamma_{13} & \gamma_{14} & \gamma_{15} \\ * & \gamma_{22} & \gamma_{23} & \gamma_{24} & \gamma_{25} \\ * & * & \gamma_{35} & \gamma_{34} & \gamma_{35} \\ * & * & * & \gamma_{44} & \gamma_{45} \\ * & * & * & * & \gamma_{55} \end{bmatrix} \chi(t) \qquad \text{(III. 38)}$$

Listamos os elementos de γ :

$\gamma_{11} = -4R + \overline{\tau^2}\,\widehat{A}^T R \widehat{A}$	γ_{22} = - 9R + $\overline{\tau^2}\widehat{A}_d^T R \widehat{A}_d$
γ_{12}= 3R + $\overline{\tau^2}\hat{A}^T R \hat{A}_d$	$\gamma_{23}=\overline{\tau^2}\hat{A}_d^T R \hat{C}$
$\gamma_{13} = \overline{\tau^2}\hat{A}^T R \hat{C}$	$\gamma_{24}=\frac{36R}{\bar{\tau}}$
$\gamma_{14}=\frac{-24}{\bar{\tau}}$	$\gamma_{45}=\frac{360R}{\bar{\tau}^3}$
$\gamma_{15}=\frac{60R}{\bar{\tau}}$	$\gamma_{33}=\overline{\tau^2}\hat{C}^T R \hat{C}$
γ_{34}= 0 ; γ_{35}= 0	$\gamma_{44}=\frac{-192R}{\bar{\tau}^2}$
$\gamma_{45}=\frac{360R}{\bar{\tau}^3}$	$\gamma_{55}=\frac{-720R}{\bar{\tau}^4}$

A adição de $\dot{V}_1(\mu_t), \dot{V}_2(\mu_t), \dot{V}_3(\mu_t)$ et $\dot{V}_4(\mu_t)$,dá a seguinte desigualdade matricial linear:

$$\dot{V}(x_t) \leq \begin{bmatrix} \mu(t) \\ \mu(t-\tau(t)) \\ \dot{\mu}(t-\tau(t)) \\ \int_{t-\tau(t)}^{t} \mu(s)ds \\ \int_{-\tau(t)}^{t}\int_{u}^{t} \mu(s)dsdu \end{bmatrix}^T \zeta \begin{bmatrix} \mu(t) \\ \mu(t-\tau(t)) \\ \dot{\mu}(t-\tau(t)) \\ \int_{t-\tau(t)}^{t} \mu(s)ds \\ \int_{-\tau(t)}^{t}\int_{u}^{t} \mu(s)dsdu \end{bmatrix} \qquad \text{(III. 39)}$$

A prova da estabilidade é conseguida através do estudo da negatividade da derivada de Lyapunov, que pode ser concedida pela imposição de ζ negativo, deduzindo-se então que o sistema neutro é assintoticamente estável, pelo que se prova a estabilidade assintótica do sistema singular diferido.

A. Observações :

- O teorema apresentado impõe uma condição de estabilidade ao sistema singular, com um atraso variável no tempo, usando uma desigualdade matricial linear, através da abordagem do sistema neutro [14].
- O teorema proposto foi desenvolvido neste trabalho utilizando uma transformação da abordagem neutra para simplificar os cálculos da matriz.
- A estabilidade do sistema singular proposto não é a única condição para verificar a sua admissibilidade.
- A utilização da técnica da desigualdade do integral duplo na derivada da função de Lyapunov, gera termos negativos, o que nos vai permitir ter resultados menos conservadores, isto vem explicar que esta desigualdade é mais exacta que outras apresentadas em trabalhos anteriores [15].
- Os critérios estabelecidos permitem verificar a estabilidade nos dois tipos de sistemas de atrasos variáveis no tempo, neutro e singular, tendo em conta que não são equivalentes.
- O atraso considerado neste trabalho deve ser diferente de zero, devido à sua existência no denominador da matriz linear.
- De acordo com a literatura, a aplicação da técnica da desigualdade integral dupla, que é usada para verificar a estabilidade de sistemas de atraso singular variáveis no tempo através de uma transformação neutra, ainda não foi abordada.

- Denotando que os valores próprios da matriz $\hat{C}(t)$ estão dentro do círculo unitário [42]para este efeito $|\dot{\tau}(t)|$ será escolhido como bem <1.
- Os resultados deste novo critério serão comparados com alguns critérios existentes, como em [17]-[18]-[12] , para que o teorema encontrado nos permita obter melhores desempenhos.

II.3.4.Exemplo numérico:

B. Exemplo Académico:

Nesta secção, será apresentado um exemplo numérico para demonstrar a eficácia do critério proposto. Considerando os parâmetros do sistema de atrasos variáveis no tempo :

$$A=\begin{bmatrix}-0.5 & 0\\ 0 & -1\end{bmatrix} \qquad E=\begin{bmatrix}1 & 0\\ 0 & 0\end{bmatrix} \qquad A_d=\begin{bmatrix}-1 & 1\\ 0 & 0.5\end{bmatrix} \tag{III. 40}$$

Note-se que, como o atraso varia com o tempo, satisfazendo (III.2) e (III.3), existem duas matrizes

invertível, pelo que o par (E,A) é regular e sem impulsos..:

$$M=\begin{bmatrix}1 & 0\\ 0 & 1\end{bmatrix} \qquad N=\begin{bmatrix}1 & 0\\ 0 & -1\end{bmatrix} \tag{III. 41}$$

Nós colocamo-nos:

$$\text{HOMENS}=\begin{bmatrix}1 & 0\\ 0 & 0\end{bmatrix} \quad \text{MAN}=\begin{bmatrix}-0.5 & 0\\ 0 & 1\end{bmatrix} \quad \text{M}A_dN=\begin{bmatrix}-1 & 1\\ 0 & -0.5\end{bmatrix} \tag{III. 42}$$

Seguindo a abordagem neutra, definimos :

$$\hat{C}(t)=(1-\dot{h}(t))\begin{bmatrix}0 & 0\\ 0 & 0.5\end{bmatrix} \qquad \hat{A}=\begin{bmatrix}-0.5 & 0\\ 0 & -1\end{bmatrix} \qquad \widehat{A_d}=\begin{bmatrix}-1 & 1\\ 0 & 0.5\end{bmatrix} \tag{III. 43}$$

Utilizando a caixa de ferramentas LMI do MATAB, com uma dada derivada d do sistema singular de atraso variável no tempo, o atraso pode ser deduzido de modo a que o sistema seja estável e, por conseguinte, admissível pelos novos critérios. O quadro 1 apresenta os limites superiores estimados de diferentes trabalhos que garantem a estabilidade dos sistemas descritores. Isto mostra que os critérios desenvolvidos fornecem resultados melhores ou idênticos aos de [5].

Tabela 12. Quadro comparativo dos limites superiores de h para diferentes trabalhos

Métodos	**O limite superior *h***
Teorema 3 [17]	1
Corolário 1 [18]	1.1547

Teorema 1 [12]	1.1547
Corolário 3.2 [8]	1.1547
Corolário 3.9 [17]	1.1547
Corolário 3.2 [19] (N = 1)	1.1547
Corolário 3.2 [19] (N = 2)	1.1954
Corolário 3.2 [19] (N = 10)	1.2060
Teorema 1 [22]	1.2086
O teorema proposto	1.26043

C. Discussão dos resultados :

Neste capítulo, a estabilidade assintótica de um sistema singular atrasado foi obtida através de condições LMI, combinando a abordagem neutra e a técnica da desigualdade integral dupla maior.

A escolha de modelar um sistema físico como um sistema singular com um atraso variável no tempo não foi feita arbitrariamente, mas foi considerada devido aos seus melhores resultados de estabilidade.

O sistema de estabilidade foi analisado utilizando uma função de Lyapunov Krasovski selecionada com base em matrizes de decisão positivas.

O teorema apresentado foi testado num exemplo académico e apresentou bons resultados em comparação com os da literatura. Isto deve-se ao facto de que quanto maior for o atraso 'h', mais eficaz é o teorema.

II.3.5.Conclusão do capítulo:

Este trabalho trata de um novo critério de admissibilidade para o descritor do sistema de atrasos variáveis no tempo [12], baseado na combinação de dois métodos que são a transformação de um sistema singular num sistema neutro [13]-[20] e a introdução da desigualdade do integral duplo no cálculo da derivada da função de Lyapunov [19].

O novo critério foi proposto em termos de LMI, salientando que este método é válido para testar a estabilidade de sistemas singulares com atraso variável no tempo, bem como para o sistema neutro com atraso variável no tempo, podendo este teste ser aplicado a qualquer sistema (físico, químico, biológico.....)[25].

No final do capítulo, foi apresentado um exemplo numérico para demonstrar o conservadorismo do método proposto. As simulações mostram claramente que o método proposto tem um desempenho igual ou superior ao dos métodos comparados, comprovando a eficácia dos critérios alcançados.

Referências do capítulo 3

[1]. A. Hmamed, H. El Aiss, e A. EL Hajjaji, "Stability analysis of linear systems with time varying delay: An input output approach," in 2015 54th IEEE Conference on Decision and Control (CDC), Osaka: IEEE, Dec. 2015, p. -17561761. doi: 10.1109/CDC.2015.7402464.

[2]. "2007_Raouf.pdf

[3]. "Lee et al - 2004 - Controle H∞ robusto dependente de atraso para sy.pdf incerto".

[4]. "Wu e Zhou - 2007 - Estabilização robusta dependente de atraso para incerteza.pdf".

[5]. "Zhong e Yang - 2008 - CONTROLE ROBUSTO DEPENDENTE DE ATRASO DO SISTEMA DESCRITIVO.pdf".

[6]. "Liu - 2014 - Critérios de estabilidade dependentes de atraso aprimorados para ne.pdf".

[7]. "Xu et al. - 2017 - Análise de estabilidade de sistemas lineares com dois addi.pdf".

[8]. "Fridman - 2002 - Estabilidade de sistemas descritores lineares com atraso.pdf".

[9]. "Boyd - 1994 - Desigualdades matriciais lineares em sistemas e controlo t.pdf".

[10]. "10.1109@cdc.1994.411440.pdf".

[11]. "Han - 2005 - Estabilidade absoluta de sistemas de atraso no tempo com sect.pdf".

[12]. "Seuret e Gouaisbaut - 2013 - Desigualdade integral baseada em Wirtinger Aplicação t.pdf".

[13]. "Han - 2008 - Uma abordagem de decomposição de atrasos para a estabilidade de Lin.pdf".

[14]. "Liu - 2014 - Critérios de estabilidade dependentes de atraso aprimorados para ne.pdf".

[15]. "El Haouti et al - 2020 - O emprego da abordagem neutra para o canto linear.pdf.

[16]. "Liu et al - 2016 - Análise de admissibilidade para sistemas singulares lineares.pdf".

[17]. "Hmamed et al - 2015 - Análise de estabilidade de sistemas lineares com tempo var.pdf".

[18]. X. Sun, Q.-L. Zhang, C.-Y. Yang, Z. Su, e Y.-Y. Shao, "An improved approach to delay-dependent robust stabilization for uncertain singular time-delay systems," Int. J. Autom. Comput. vol. 7, no. 2, pp. 205212-, maio de 2010, doi: 10.1007/s11633-010-0205-5.

Axe 3. Modelação e controlo do processo de recolha de encomendas num armazém

Capítulo IV: Modelação e controlo do processo de recolha de encomendas num armazém

Resumo do capítulo IV :

O picking de encomendas é o processo de recolha de mercadorias das localizações de picking para satisfazer uma encomenda específica de um cliente e é conhecido por ser uma das funções de armazém com maior intensidade de mão de obra e mais dispendiosas. No entanto, a eficiência do processo de recolha depende principalmente das decisões do gestor, que se baseiam frequentemente na intuição e na experiência. Devido à crescente complexidade dos processos, resultante principalmente da volatilidade da procura e da multiplicidade e incerteza dos parâmetros operacionais, estas decisões estão ainda longe de proporcionar um modo de funcionamento ótimo. Nesta secção, é proposta uma abordagem dinâmica de modelização e controlo do processo manual de preparação de encomendas, a fim de realizar uma análise de sensibilidade. Em primeiro lugar, será apresentado o modelo do processo de separação de encomendas com os seus indicadores de desempenho baseados na modelação dinâmica, detalhando os diferentes componentes do sistema, e, em seguida, será descrito o processo de análise de sensibilidade baseado na simulação de Monte Carlo, que será executado no software Simulink, a fim de localizar os parâmetros que mais influenciam os resultados do modelo. A abordagem proposta tem por objetivo determinar a capacidade de resposta dos processos operacionais para atingir desempenhos operacionais definidos, o que, por exemplo, ajuda os gestores de armazém a tomar decisões tácticas óptimas em termos de meios e recursos a implementar numa atividade de separação de encomendas.

III.4.1. Introdução ao capítulo

A armazenagem é uma das actividades logísticas mais importantes e críticas nos sistemas industriais e de serviços, para além do seu papel no equilíbrio das flutuações entre a oferta e a procura e na consolidação de produtos para uma logística fluida. Os sistemas de armazenagem têm um impacto significativo na qualidade dos produtos, nos níveis de serviço ao cliente e nos custos logísticos globais. Por conseguinte, é importante prestar especial atenção aos armazéns, uma vez que estes têm um impacto significativo na eficiência e eficácia de toda a cadeia de abastecimento. A recolha de encomendas é um dos processos de armazenamento mais complicados. É a atividade mais dispendiosa de um armazém, representando entre metade e três quartos do custo total das operações de armazém [1]. Na prática, existem dois tipos de sistemas de separação de encomendas utilizados num armazém: o primeiro é o sistema "homem-máquina", em que o operador de recolha de encomendas se desloca para o local de armazenamento e recolhe as mercadorias encomendadas nos locais de recolha. Este tipo de processo de separação de encomendas é adequado para produtos de movimento lento, que não justificam, portanto, grandes investimentos. A deslocação do selecionador de encomendas para os locais de armazenamento é uma operação elementar que não requer necessariamente equipamentos muito sofisticados, com exceção dos porta-paletes eléctricos ou manuais com condutor ou reboque de paletes. Esta máquina será utilizada para transportar os objectos recolhidos durante a visita. O segundo é o sistema "goods to man"; neste tipo de sistema, as mercadorias são transportadas diretamente para o order picker através de técnicas de transporte. O operador recebe então as mercadorias na estação de recolha e retira a quantidade especificada pelo sistema de gestão de armazém (WMS). Os contentores vazios ou os contentores carregados com quantidades residuais são transportados para as áreas de armazenamento ou para outras estações utilizando o mesmo transportador [2]. Apesar de a robotização no armazém se ter tornado cada vez mais evidente nos últimos anos devido à sua eficiência [3], os sistemas manuais de separação de pedidos continuam a ser soluções essenciais na prática [4]. Neste trabalho, o enfoque foi dado ao sistema homem-mercadoria no caso de um processo de separação de encomendas efectuado por operadores manuais com tecnologia adequada. Nestas condições, o tempo de preparação do homem para a mercadoria compreende 55% de tempo de deslocação, 15% de tempo de procura, 10% de tempo de saída da mercadoria e 20% de outras actividades [5]. Do ponto de vista da organização da atividade de preparação, a retirada das mercadorias pode ser efectuada de três formas:

- No depósito (SL) do depósito, não existe uma área de picking especial para Unidades comerciais (UC) e Unidades de clientes (UC); nesse caso, as UCs e UCs são retiradas diretamente do SL;

- Recolha de paletes completas da área dedicada SL e HU e CU da área dedicada de recolha (PA);

- Picking de paletes completas no depósito (SL) e de unidades comerciais (UC) e unidades de clientes (UC) na área de picking (PA) com a PA integrada no SL; por exemplo, os dois primeiros níveis de um sistema de armazenagem de estantes são considerados PA e os restantes níveis superiores são considerados SL [6].

Neste estudo, parte-se do princípio de que o reabastecimento do local de recolha é acionado quando o nível de existências do artigo é inferior ao limiar mínimo. O consumo irregular de stocks nos locais de picking conduz frequentemente a rupturas de stock nesses locais [7]. O principal objetivo deste trabalho é desenvolver um modelo para controlar a seleção de artigos através da gestão do reabastecimento, a fim de efetuar uma análise de sensibilidade para avaliar a influência dos parâmetros de entrada do sistema no comportamento das suas variáveis de saída. Para conceber e analisar um processo logístico ou de armazenagem adequado, é necessário avaliar o seu desempenho. Na prática, a medição do desempenho de uma atividade logística é complicada devido à influência de diferentes parâmetros envolvidos no planeamento, na execução, no controlo do inventário e no transporte ou movimentação ao longo do processo. Por outro lado, a teoria do controlo é uma metodologia comprovada para avaliar o desempenho de problemas relacionados com a indústria e a logística. Na teoria de controlo, as equações diferenciais de um modelo contínuo são derivadas no domínio do tempo, sendo depois utilizada a transformada de Laplace para converter o modelo no domínio da frequência complexa ou simplesmente no domínio s. Neste trabalho, o desempenho do processo de recolha de encomendas será medido através da análise da resposta em frequência. Por conseguinte, a abordagem da teoria do controlo é utilizada para medir diferentes aspectos do desempenho do processo de recolha de encomendas. A abordagem de modelação analítica proposta é inspirada na família de modelos IOBPCS (Inventory and OrderBased Production Control System) [8]. A incerteza na formulação de políticas de gestão de inventário resulta da diversidade de factores. A gestão do inventário de picking é um bom exemplo. Para melhor controlar o inventário de picking, as empresas necessitam de dimensionar corretamente o armazém, controlar a procura, adaptar o dimensionamento dos recursos e equipamentos operacionais e dotar-se de um sistema de informação e tecnologia adequados para assegurar uma boa coordenação das operações. A procura raramente é estável e o seu nível não pode ser determinado com certeza na maioria dos casos. A adequação do dimensionamento do nível máximo e do limiar mínimo do inventário de retirada pode ser outra fonte de incerteza. Consequentemente, é difícil prever o comportamento do inventário de retirada para uma série de parâmetros de entrada. Neste estudo, a fim de abordar esta incerteza nas previsões do modelo, é efectuada uma análise de sensibilidade (SA). O esquema de análise de sensibilidade mais simples analisa a evolução dos resultados do modelo na sequência da variação dos parâmetros dentro dos seus intervalos de existência, utilizando a técnica de Monte Carlo. Existem várias indicações sobre a sensibilidade das variáveis de entrada do modelo. Algumas delas fornecem medidas qualitativas, outras são indicadores locais em torno de um ponto de funcionamento. Um estudo local pode revelar-se insuficiente, sendo muitas vezes necessário construir medidas de importância global, cujo objetivo é ordenar as variáveis de entrada do modelo por ordem de influência. Uma classificação dos métodos de análise de sensibilidade é apresentada em [9]. Numerosas publicações sobre a utilização da técnica de análise de sensibilidade e do método de Monte Carlo explicam e ilustram as ambições da metodologia em vários domínios, incluindo a logística [10]-[13], [19]. Uma abordagem para prever a caraterística do consumo de energia devido ao recarregamento de veículos eléctricos foi estudada utilizando o método de Monte Carlo e a rede neural artificial [10]. Uma simulação de Monte Carlo modificada para analisar a penetração da produção distribuída em sistemas de distribuição foi utilizada em [11]. Foi utilizado um método de simulação direta de Monte Carlo para validar uma solução analítica de escoamento sem colisões para a pressão superficial, as distribuições de tensões de corte e as forças de impacto [12]. O domínio da logística [13] trata da análise de sensibilidade de modelos de gestão de inventários quando a incerteza nos parâmetros de entrada é totalmente tida em conta. A função Sobol e o método de decomposição da variância são utilizados para determinar os parâmetros mais influentes no resultado do modelo. Neste estudo, o método de análise de sensibilidade global foi utilizado para determinar em que medida os parâmetros de reatividade do processo de separação de encomendas influenciam os resultados ligados aos indicadores de desempenho do processo.

Este documento está organizado da seguinte forma. Na secção II, descreve-se o processo de separação de encomendas e a técnica e componentes utilizados na sua modelação. A secção III apresenta os indicadores considerados para avaliar o desempenho do processo, destacando a sua importância e descrevendo a forma como são modelados. Com o objetivo de explorar o comportamento do processo de separação de encomendas e avaliar o seu desempenho em função de variações na reatividade dos dois sub-processos de separação de encomendas e de reaprovisionamento, é apresentada na secção IV uma análise de sensibilidade utilizando a ferramenta Simulink. Os resultados da análise de sensibilidade para cada variável de saída e a sua interpretação são apresentados na secção V. No final do capítulo, são partilhadas uma conclusão e algumas perspectivas que o modelo abriu.

III.4.2. Modelação do processo de preparação de encomendas

A modelação do processo de preparação de encomendas deve ter em conta as encomendas, a política de gestão de stocks de preparação e a política de reabastecimento de uma forma integrada. O modelo proposto tem em conta um processo de picking de um único item e considera atrasos na execução do picking de mercadorias (FP) e na execução do reabastecimento (RF). É importante modelar o atraso da melhor forma possível. Um modelo genérico de atraso de dois parâmetros foi proposto por [14] na formulação de tempo contínuo. Neste estudo, o tempo de retirada e o tempo de reposição foram modelados usando uma função de transferência de primeira ordem com constantes de tempo Tp e Tr, respetivamente. A ordem de recolha (PO) é a entrada do sistema que desencadeia todos os componentes do sistema, incluindo o processo de reabastecimento e os movimentos de stock. Outros parâmetros que influenciam a política de reabastecimento são o nível mínimo de inventário de picking definido pelo gestor de stocks para cobrir as necessidades da atividade de picking após a ordem de reabastecimento ter sido lançada, e o nível máximo de stock definido de acordo com a capacidade máxima da localização de picking. Assim que o nível de stock de picking atinge o limiar mínimo, o sistema desencadeia uma missão de reabastecimento para uma quantidade igual à diferença entre o nível máximo de stock e o nível de stock de picking nesse momento. Utilizando a terminologia da teoria do controlo, o modelo é construído através da definição dos seguintes componentes:

- - Tempo de picking, que é o tempo que decorre entre o acionamento da ordem de picking e a sua execução. Num armazém, este tempo inclui o tempo necessário para que o operador se encarregue da encomenda e se desloque ao local de recolha para recolher as quantidades encomendadas. Este componente pode ser interpretado como um elemento de suavização no processo de picking, representando a capacidade de reação com que o picker se adapta às alterações na ordem de picking (PO);
- - O tempo de reposição, que é o tempo entre o acionamento da ordem de reposição e a sua

execução. Num armazém, este tempo inclui o tempo necessário para que o condutor do empilhador se encarregue da encomenda, se desloque à localização da reserva de existências para encontrar a palete a baixar e, em seguida, se desloque à localização de recolha para ser reabastecida. Este componente pode ser interpretado como um elemento de suavização no processo de reabastecimento, representando a capacidade de reação com que o condutor da empilhadora se adapta às alterações na ordem de reabastecimento RO;

- - O nível mínimo de existências (MININV) corresponde ao nível de existências a retirar para cobrir as necessidades das encomendas a recolher entre o acionamento e a execução da ordem de reabastecimento;
- - O nível máximo de estoque (MAXINV) corresponde à capacidade máxima do depósito de picking. Ao organizarem o seu armazém, os gestores de stocks preferem geralmente produtos de movimento rápido e/ou volumosos para locais de picking de elevada capacidade;
- - A política de reabastecimento de picking, que é um circuito de controlo de feedback para controlar o nível de stock de picking (PINV) através da emissão de ordens de reabastecimento quando o PINV atinge o limiar mínimo (MININV).

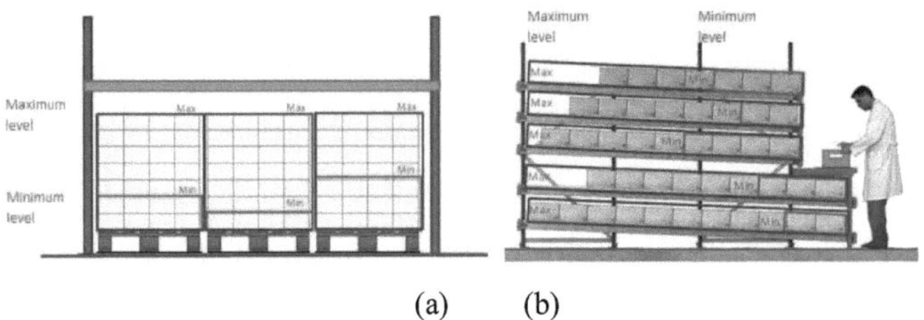

(a) (b)

Fig. 38: Ilustração do sistema Mín/Máx. no caso de localizações de picking de paletes no chão e localizações de picking em estantes por gravidade.

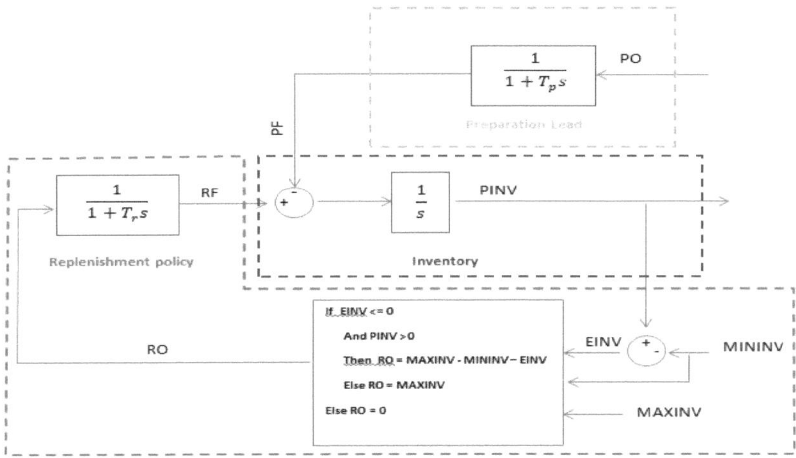

Fig.39: O modelo do processo de separação de pedidos

O sinal de controlo PINV gerado é a integração da diferença entre RF e PF. No domínio s, isto é :

$$PINV = \frac{1}{S}(RF - PF)$$

$$PINV = \frac{1}{S}\left(\frac{1}{(1+T_r S)}RO - \frac{1}{(1+T_p S)}PO\right) \qquad \text{(IV.1)}$$

PO é o sinal que representa as encomendas a preparar, sendo por isso considerado uma perturbação do sistema. Para ter em conta a sua variabilidade na simulação do modelo nas secções seguintes, PO será escolhido como um sinal sinusoidal. RO é o sinal que representa o acionamento do reabastecimento. Seguindo o processo apresentado acima. Este sinal é uma função de MAXINV, MININV e EINV. O sinal pode ser modelado pela seguinte função:

$*MAXINV\text{-}MININV\text{-}EINV$; quando $EINV \leq 0$ e $PINV > 0$
RO=$*MAXINV$; quando $EINV \leq 0$ e $PINV \leq 0$
$*0$; quando $EINV > 0$ (IV.2)

Para gerir eficazmente uma atividade, é essencial estar na posse de toda a informação. A gestão de uma atividade de preparação de encomendas não é exceção a esta regra. Este processo é também fundamental para estabelecer os indicadores de desempenho adequados no início do processo de implementação e aprovação operacional. De um modo geral, estes indicadores correspondem à avaliação do desempenho em termos de produtividade, prazo de entrega, custo, qualidade, segurança, etc. São essenciais se o objetivo for medir os progressos realizados e a realizar, ou ainda mais se o objetivo for compreender e avaliar as capacidades. No presente artigo, a tónica será colocada nos indicadores de avaliação do desempenho da seleção de existências. Entre estes indicadores, foram considerados dois indicadores operacionais, nomeadamente a taxa de rutura de stock e a taxa de excesso de stock, e um terceiro indicador funcional para identificar situações operacionais impraticáveis na realidade.

III.4.3. Modelação de indicadores de desempenho

A. Taxa de rutura de stock

As rupturas de stock têm um impacto muito negativo no bom funcionamento de um armazém. As rupturas de stock podem ser causadas por uma rutura total de stock de um artigo no armazém, por uma afetação não fiável do produto ou por um atraso na reposição do picking a partir do stock de reserva. Um incidente deste tipo afectará diretamente o desempenho operacional do armazém em termos de produtividade, taxa de serviço, ergonomia do trabalho e eficiência global do sistema operacional do armazém. Neste estudo, para avaliar o nível de rutura de stock, foi considerado um indicador de taxa de rutura de stock (OUT_SR).

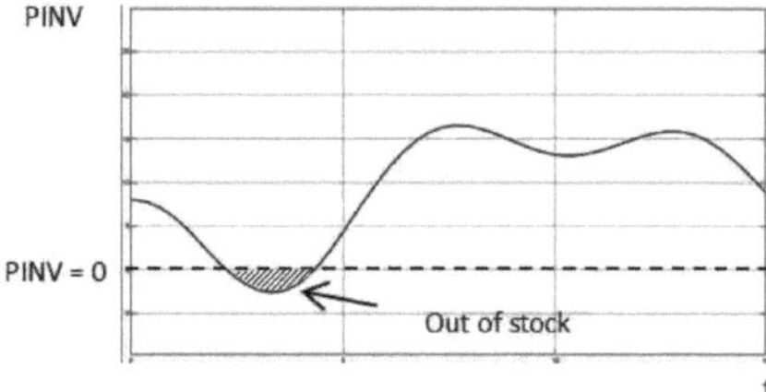

Fig.40.Exemplo de uma rutura de stock

OUT_SR deve registar o nível negativo das saídas de existências do PINV. Isto é capturado em cada momento t como uma falta de stock, cujo valor é binário. É definida como a função PINV.

A Fig. 41 mostra a modelação em diagrama de blocos deste indicador.

B. Taxa de excesso de existências (taxa a que é excedida a capacidade máxima de armazenagem dos locais de amostragem)

O excesso de existências ao nível do picking é um problema que preocupa frequentemente os gestores de armazém. Pode ser o resultado de áreas de recolha incorretamente dimensionadas, de um problema com a forma como os dados logísticos dos produtos são configurados ou de um mau funcionamento dos processos operacionais, em particular do processo de reabastecimento. O excesso de stock pode conduzir a uma série de problemas nas operações de armazém, incluindo o congestionamento dos corredores, problemas de acesso aos produtos certos, problemas de qualidade devido ao risco de danos, para não mencionar os potenciais riscos de segurança associados ao não cumprimento das regras de tráfego em armazém.

Para avaliar as existências excedentárias, é considerado um indicador de taxa de excesso de existências (OVER_SR). Tal como acontece com OUT_SR, OVER_SR deve acompanhar o excesso de existências a partir do nível MAXINV de retirada de inventário PINV.

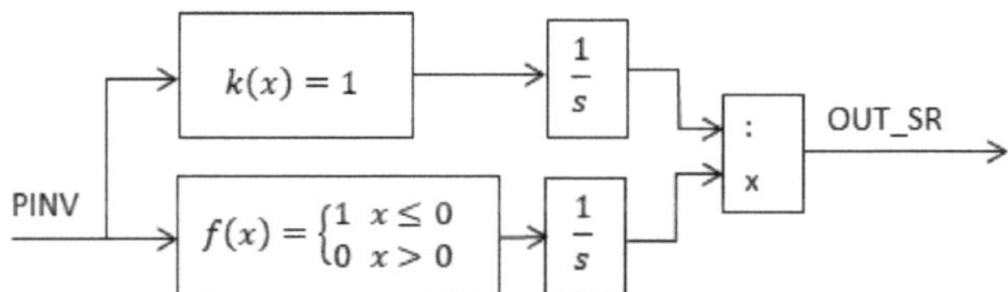

Fig.41.Diagrama de blocos para modelação do indicador da taxa de rutura de stock

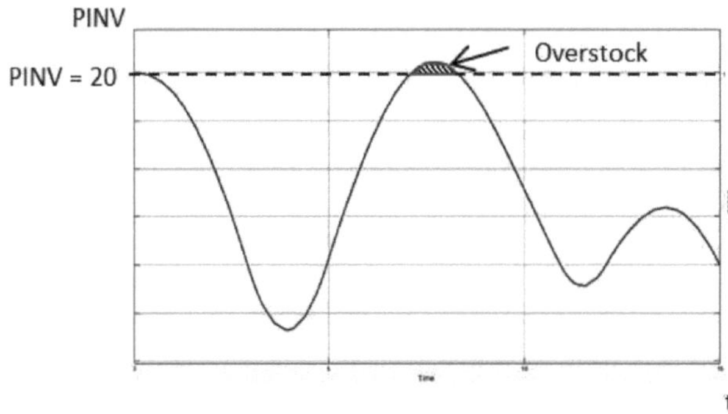

Fig.42 Exemplo de excesso de stock

Este é captado em cada momento t como mais um stock, cujo valor é binário. É definido como a função PINV. A figura 43 mostra a modelação em diagrama de blocos deste indicador.

C. Existências a níveis mínimos

Operar o sistema com a recolha de stocks estagnada no limiar mínimo é, na realidade, impraticável, exceto em caso de paragem do sistema, que deve ser evitada. Para controlar a tendência do sistema para este funcionamento anormal, considera-se um indicador para monitorizar a variação do stock por documento no limiar mínimo (STG_S). Este indicador permite identificar os casos em que o stock de picking estagna no limiar mínimo (MININV).

III.4.4. Processo de análise de sensibilidade

Neste estudo, a análise de sensibilidade foi efectuada utilizando o software Simulink. Este permite explorar o modelo de forma eficiente e compreender melhor o comportamento do sistema em função de alterações nos parâmetros Tr e Tp. Para estudar o comportamento dinâmico do nosso sistema, optou-se por submeter a entrada de comando do sistema a um sinal sinusoidal com as seguintes caraterísticas: amplitude = 4; polarização = 4; frequência 2 rad/s. Para além disso, de modo a simular o sistema ao longo do equivalente a um dia de trabalho com dois turnos de 8 horas, o limite de tempo de simulação foi fixado em 16 unidades de tempo que representam as 16 horas de trabalho dos dois turnos.

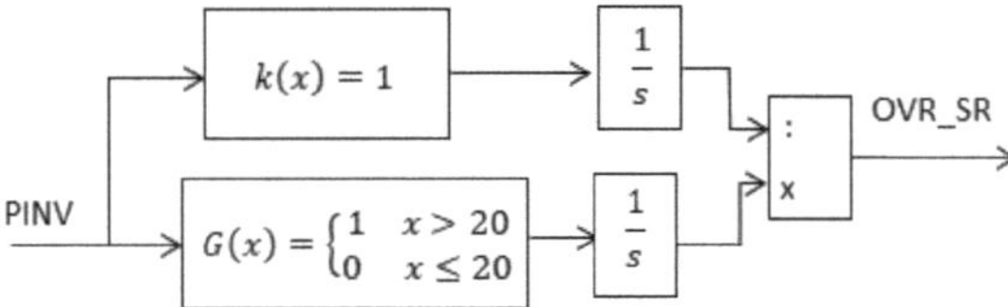

Fig.43.Diagrama funcional para modelação do indicador da taxa de excesso de stock

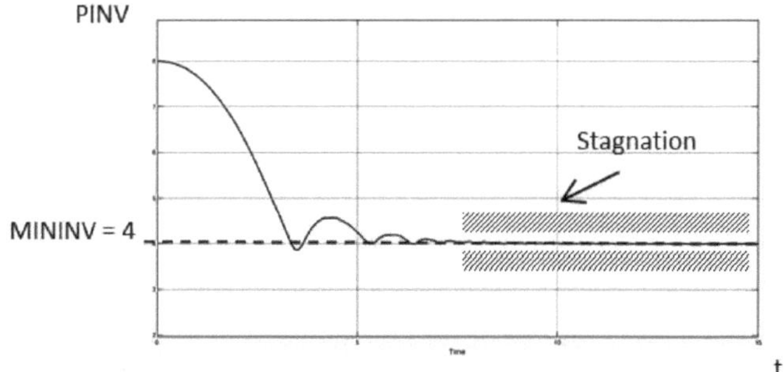

Fig.44.Exemplo de estagnação de stock no limiar mínimo

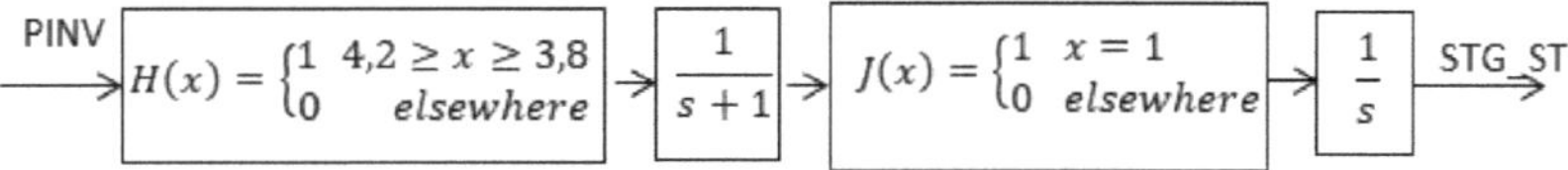

Fig.45.Diagrama de blocos do indicador de estagnação de inventário

A ferramenta de análise de sensibilidade do Simulink pode ser utilizada para explorar o espaço de projeto e determinar os parâmetros mais influentes do modelo utilizando o projeto de experiências e simulações de Monte Carlo [15]. Utilizando esta ferramenta, é possível :

- Seleção e amostragem de parâmetros ;
- Especificar os requisitos de conceção ;
- Realizar simulações de Monte Carlo [16] para avaliar os requisitos de conceção com os valores dos parâmetros selecionados;
- Analisar e apresentar a sensibilidade do modelo à variação dos parâmetros.

A. Amostragem dos parâmetros de entrada do modelo

A primeira etapa do estudo de sensibilidade consiste em enumerar as variáveis de entrada do modelo em estudo. De seguida, é necessário determinar o domínio de existência de cada uma delas. Para o efeito, podem ser utilizadas várias fontes de informação: bibliografia, estimativas baseadas em dados experimentais (bases de dados de testes, opiniões de peritos, etc.). O último passo desta fase consiste em gerar uma amostra de N variáveis de entrada. Existem várias técnicas para a amostragem das variáveis de entrada.

As mais conhecidas são a amostragem aleatória (Monte Carlo) e a amostragem por hipercubo latino. Nesta análise de sensibilidade efectuada com o Simulink, foram tidos em conta os parâmetros de entrada do modelo, Tp e Tr. O parâmetro Tp modela o facto de o operador de picking necessitar necessariamente de tempo para executar a ordem de picking. De acordo com um inquérito realizado a gestores de armazéns, o tempo necessário para executar uma ordem de picking depende da organização e dimensão do armazém, dos recursos existentes e do posicionamento do artigo a ser recolhido no circuito de picking. Este tempo pode variar entre 0,083 horas (5 min) e 2 horas. Para o efeito, foi modelado com uma distribuição uniforme com um limite inferior de 0,083 horas e um limite superior de 2 horas. O parâmetro Tr modela o facto de o operador de empilhador necessitar necessariamente de tempo para retirar a palete do stock de reserva e reabastecer o local de picking. De acordo com o mesmo inquérito, este tempo depende também da organização e da dimensão do armazém, dos meios de movimentação e do sistema informático, bem como da programação da missão de reabastecimento em relação às missões em curso, podendo situar-se entre 0h250 (15 min) e 4 horas. Para o efeito, foi modelado com uma distribuição uniforme com um limite inferior de 0,250 horas e um limite superior de 4 horas. Para gerar 800 amostras, os dois parâmetros foram variados utilizando a técnica do hipercubo latino [17].

Deste modo, obter-se-á uma melhor cobertura do campo experimental de Tp e Tr.

B. Resultados a ter em conta na análise de sensibilidade

Antes de efetuar a campanha experimental, é importante definir quais os produtos a ter em conta na análise de sensibilidade. As variáveis de saída são definidas como observáveis da resposta e devem ser bons indicadores do correto funcionamento do processo em estudo.

Quando é necessário estudar vários outputs, nada impede que se efectuem várias análises de sensibilidade com base na mesma campanha experimental. Na análise apresentada, os três indicadores de desempenho apresentados na secção III serão considerados como as variáveis de saída do sistema.

C. Simulação

Uma vez definidas as saídas, o ponto mais importante desta fase consiste em modificar dinamicamente os parâmetros de cada experiência planeada durante a fase de amostragem das variáveis de entrada. A simulação é efectuada sobre a amostra 800 vezes, correspondendo cada experiência a um conjunto de dados diferente [18].

III.4.5. Análise dos resultados

A. Taxa de rutura de stock

Analisando a evolução da variável de saída "OUT_SR" em função das variáveis de entrada Tp e Tr, podemos compreender o impacto da capacidade de resposta dos processos de picking e de reposição no indicador da taxa de rutura de stock. De acordo com os gráficos de dispersão (Figuras 46 e 47), verificou-se que o sistema tende a ter taxas de rutura de stock mais elevadas quando Tp diminui ou quando Tr aumenta. Por outras palavras, quando a reatividade do processo de preparação é elevada e as existências são consumidas rapidamente, ou quando a reatividade do processo de reposição é menor e as existências são repostas tardiamente, o risco de ter uma elevada taxa de rutura de stock é elevado. Estes dois gráficos mostram igualmente que os pontos não estão distribuídos aleatoriamente no plano. Pelo contrário, parece existir um padrão. Na Figura 9, os pontos estão concentrados sob uma linha reta que vai do canto superior esquerdo até ao canto inferior direito. Esta reta fornece informações importantes; representa a taxa máxima de rutura de stock (OOS_MAX p) que o sistema pode enfrentar para cada valor de Tp. Neste caso, a equação desta reta é :

$$ {}_{ppi}OOS\_MAX = -0{,}043 \times T + 0{,}237 \qquad \text{(VI.3)} $$

Na Figura 47, neste caso, os pontos estão concentrados sob uma linha que vai do canto inferior esquerdo ao canto superior direito. Esta linha representa a taxa máxima de rutura de stock (OOS_MAX r) que o sistema pode suportar para cada valor de Tr. Neste caso, a equação desta reta é :

$$ {}_{rri}OOS\_MAX = 0{,}0166 \times T + 0{,}081 \qquad \text{(VI.4)} $$

A figura 11 mostra a relação entre a taxa de rutura de stocks e as duas variáveis Tp e Tr. Neste gráfico, as áreas da mesma cor representam todos os pontos com a mesma taxa de rutura de stock.

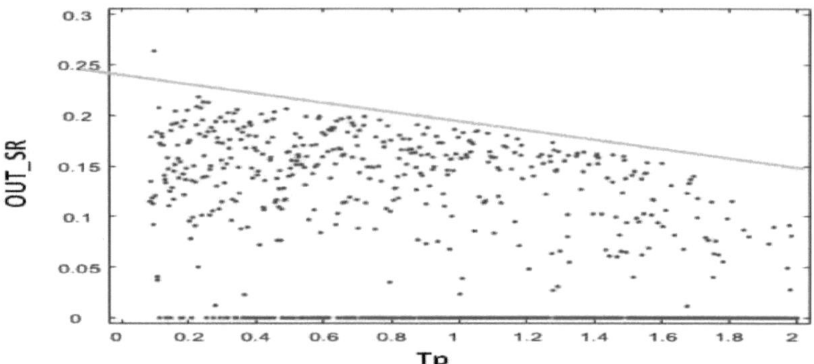

Fig.46 Variação da taxa de rutura de stock em função da variação de Tr

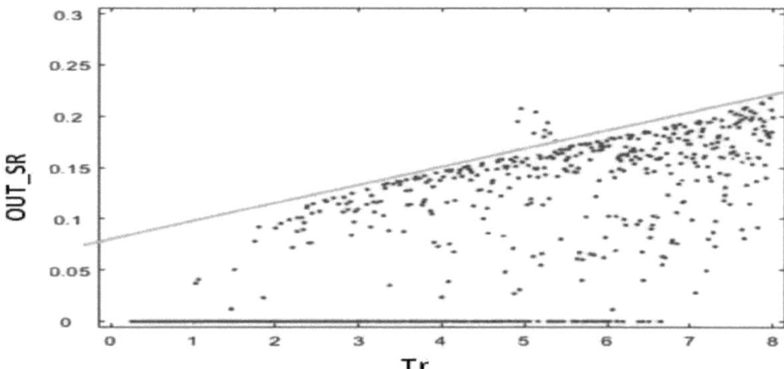

Fig. 47: Variação da taxa de rutura de stock em função da variação de Tr

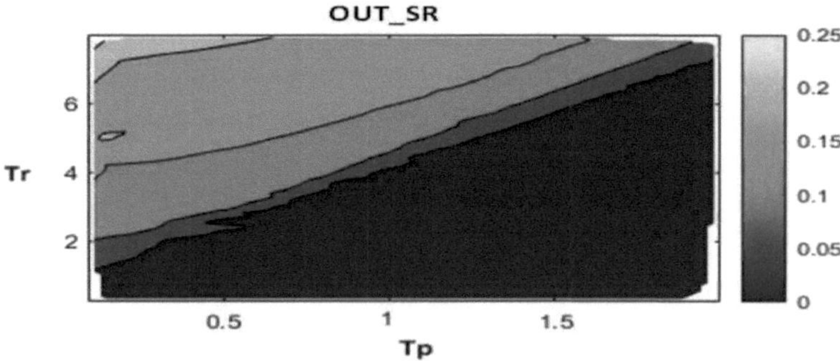

Fig.48 Variação da taxa de rutura de stock em função da variação de Tp

Note-se que as superfícies com o mesmo nível de taxa de rutura formam bandas diagonais consecutivas. Estas bandas diagonais também fornecem informações importantes. Por exemplo, para um determinado valor de Tp, indicam a gama de valores de Tr que permitirá atingir um determinado objetivo de desempenho da taxa de rutura.

B. Taxa de excesso de stock

Do mesmo modo, a análise das variações da variável de saída "OVER_ST" em função das variáveis de entrada Tp e Tr permite compreender melhor o impacto da capacidade de resposta dos processos de recolha e de reposição no indicador de excesso de stocks. Os gráficos (Figuras 49, 50 e 51) mostram que o sistema apresentado se torna vulnerável ao risco de excesso de stock quando o valor de Tr é superior a 6 e Tp inferior a 0,4. Nesta área, a capacidade de resposta limitada do processo de reaprovisionamento em comparação com o processo de picking gera um desfasamento temporal na disponibilidade de existências, o que acaba por conduzir a rupturas de existências e, em casos extremos, a excesso de existências devido à acumulação de reaprovisionamentos de picking em atraso.

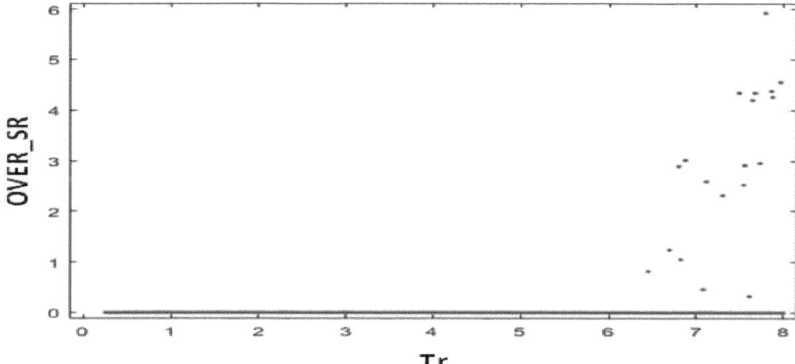

Fig.49 Variação da taxa de excesso de stock em função da variação de Tp

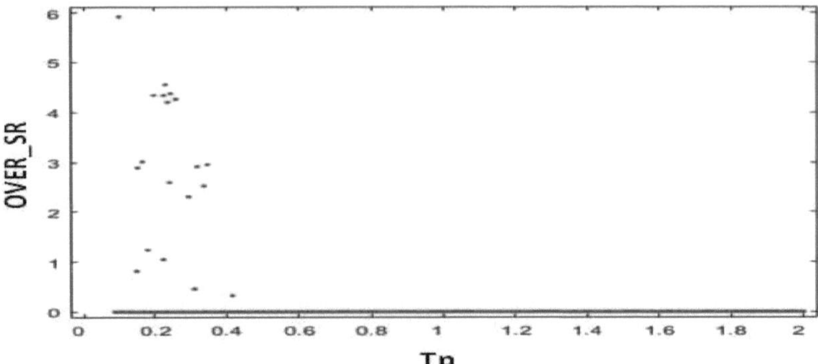

Fig.50. Variação da taxa de excesso de stock em função da variação de Tr

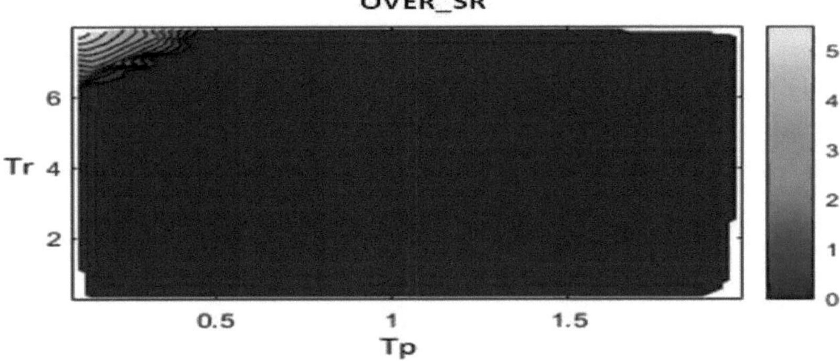

Fig. 51. Variação da taxa de excesso de população em função da variação de Tpet Tr

C. Estagnação no limiar mínimo

Para identificar os valores dos parâmetros Tp e Tr que levam o sistema a funcionar com uma estagnação do stock no limiar mínimo, o que não é realista na prática, a análise das variações da variável de saída "STG_S" foi integrada a partir das variáveis de entrada Tp e Tr. Os resultados da análise de sensibilidade obtidos a partir dos gráficos (Figuras 52, 53 e 54) mostram que a sensibilidade do sistema a este aspeto depende principalmente de Tr. É evidente que quando o sistema opera com valores de Tr inferiores a 1, o indicador "STG_S" começa a apresentar valores diferentes de zero, indicando que o stock estagnou no limiar mínimo durante o processo de picking. Assim, quanto menor for o valor de Tr, maior será o indicador, o que significa que o sistema estagnou mais rapidamente no limiar mínimo.

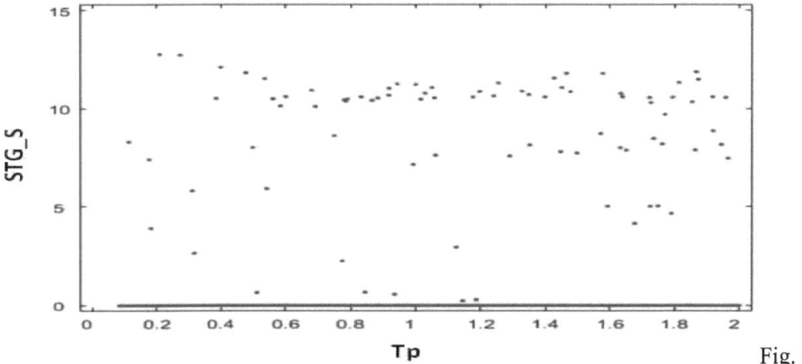

Fig. 52: Estagnação do stock com base na variação de Tp

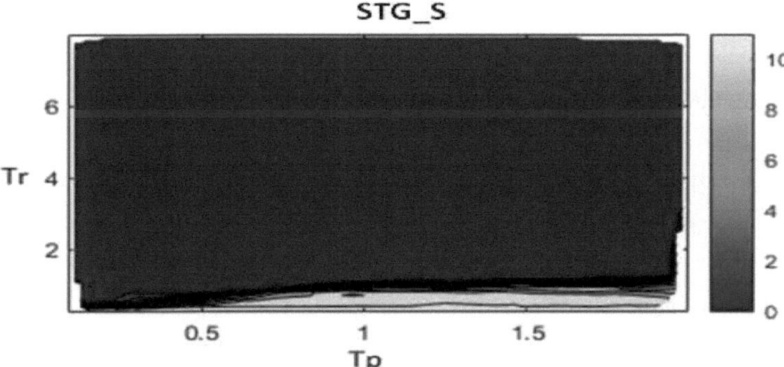

Fig. 53: Estagnação das existências com base nas alterações de Tr

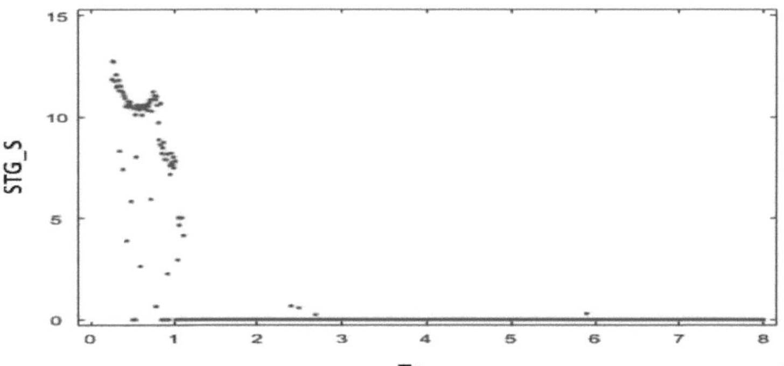

Fig. 54: Estagnação do stock com base nas variações de Tp e Tr

III.4.6. Conclusão do capítulo

Neste estudo, uma abordagem de modelação de sistemas dinâmicos e uma técnica de análise de sensibilidade foram apresentadas simultaneamente para estudar e avaliar o desempenho do processo de recolha manual de encomendas num armazém e determinar até que ponto este é influenciado pela reatividade do processo de recolha em comparação com o processo de reabastecimento. Para o efeito, foi adotado um método de análise de sensibilidade global, utilizando o ambiente Matlab Simulink. Com base em experiências e simulações de Monte Carlo realizadas 800 vezes por amostragem, a ferramenta Simulink foi utilizada para explorar alterações nas variáveis de saída do modelo, nomeadamente a taxa de rutura de stock, a taxa de excesso de stock e o indicador de estagnação do sistema no limiar mínimo. Para além disso, é possível identificar os padrões seguidos pelas variáveis de saída em função das variações dos parâmetros Tp e Tr. Por exemplo, no que respeita ao indicador da taxa de rutura de stocks, o estudo identifica as duas linhas limite (1 e 2) que indicam, respetivamente, a taxa máxima de rutura de stocks (OOS_MAXp) "que o sistema enfrenta para cada valor de Tp", e a taxa máxima de rutura de stocks (OOS_MAXr) "que o sistema corre o risco de enfrentar para cada valor de Tr". Ainda em relação ao indicador taxa de rutura de stock, outra informação importante retirada deste estudo é a variação das taxas de rutura de stock em função dos valores de Tp e Tr. Esta informação pode ser utilizada para determinar, por exemplo, para um dado valor de Tp, a gama de valores de Tr que permitirá respeitar um limite de tolerância para o desempenho da taxa de rutura de existências. No que respeita ao indicador da taxa de excesso de existências, o estudo permite concluir que o sistema fica exposto ao problema do excesso de existências quando o valor de Tr é superior a 6 e o valor de Tp é inferior a 0,4.

Por fim, no que diz respeito ao indicador de estagnação das existências no limiar mínimo, o estudo mostra que o comportamento deste sistema depende principalmente de Tr, de modo que, quando Tr é inferior a 1, o arranque do sistema tende para um funcionamento com estagnação das existências no limiar mínimo, de modo que quanto mais baixo for o valor de Tr, mais rápida é a estagnação. Por último, a abordagem de análise de sensibilidade global, com amostragem por hipercubo latino dos parâmetros Tp e Tr, evidencia o grau e a forma como cada um dos dois parâmetros influencia o desempenho definido do processo de recolha de encomendas. Por fim, verifica-se que os dois parâmetros são influentes e que o seu conhecimento é essencial para modelizar o comportamento do sistema. As perspectivas para este estudo são que a modelação e a experimentação podem ser investigadas mais profundamente.

A possibilidade de considerar outros indicadores de desempenho para o processo de separação de encomendas deve também ser explorada. A modelação da otimização multi-objetivo para o problema do dimensionamento dos recursos para o processo de separação manual de encomendas é outra área que deve ser estudada. Por último, no que diz respeito ao indicador de estagnação das existências no limiar mínimo, o estudo mostra que o comportamento deste sistema depende essencialmente de Tr, pelo que quando Tr é inferior a 1, o arranque do sistema tende para o funcionamento com estagnação das existências no limiar mínimo, pelo que quanto mais baixo for o valor de Tr, mais rápida é a estagnação. Por último, a abordagem de análise de sensibilidade global, com amostragem por hipercubo latino dos parâmetros Tp e Tr, evidencia o grau e a forma como cada um dos dois parâmetros influencia o desempenho definido do processo de recolha de encomendas. Por fim, verifica-se que ambos os parâmetros são influentes e que o seu conhecimento é essencial para modelizar o comportamento do sistema. As perspectivas para este estudo são que a modelação e a experimentação podem ser investigadas mais profundamente.

A possibilidade de considerar outros indicadores de desempenho para o processo de recolha de encomendas também deve ser explorada. A modelação da otimização multiobjectivo para o problema do dimensionamento de recursos para o processo manual de separação de encomendas é outra área de estudo.

Referências do capítulo 4

[1] Mariusz Kostrzewski, "Comparação da duração dos processos de seleção de ordens com base em dados obtidos a partir da utilização de processos pseudo-aleatórios gerador de números, TransportationResearchProcediaVol40:317-32,2019.

[2] G.Richards,*WarehouseManagementAcompleteguidetoimprovingefficiencyandminimizing costsinthemodernwarehouse*(Kindle Edition,3rdEdition2017).

[3] K. Azadeh,R. De Koster, D. Roy, Robotized and AutomatedWarehouseSystems:ReviewandRecentDevelopmentsTransportationScience, julho de 2019.

[4] G.Marchet,M.Melacini,S.Perotti,Investigatingorderpickingsystemadoption:acase-study-basedapproach,*Int.J.Logist.Res.Appl.*18(1),pp.82-982015.

[5] Edward Frazelle, *World-ClassWarehousingandMaterialHandling*, (Edward Frazelle, 2002, pp.542).

[6] R.Apsalons,G.Gromov,UsingtheMin/MaxMethodforReplenishmentofPickingLocations,*TransportandTelecommunicationInstitute*,vol18,No.1,pp.79-87,2017.

[7] Valery Lukinskiy, Vladislav Lukinskiy, Evaluation of the influence of logistic operations reliability on the total costs ofsupply chain, *Transport and telecommunication journal,* vol 17, No4, pp.307-3132016.

[8] H. Sarimveis, P. Patrinos, C.D. Tarantilis, & C.T. Kiranoudis,Dynamicmodelingandcontrolofupplychainsystems:Areview,*Computers&OperationsResearch,*35(11)pp.3530-3561,2008.

[9] A. Saltelli, K. Chan, E. M. Scott, *Sensitivity Analysis*, (Wiley, março de 2009).

[10] Chartsuk, N., Marungsri, B., Estratégia de Supervisão para Mitigar o Efeito dos Veículos Eléctricos (EVs) na Carga das Operações do Sistema de Distribuição de Energia, (2018) *International Journal onEnergyConversion (IRECON)*,6(6),pp.184-195. doi:https://doi.org/10.15866/irecon.v6i6.15986

[11] Nguyen,M.,Hoang,T.,Toan,Q.,Anh,L.,AnalysisofthePenetrationofDistributedGenerationinDistributionSystemsBasedonModifiedMonteCarloSimulation,(2019)*InternationalJournalonEnergyConversion(IRECON)*,7(3),pp.108-116.doi:https://doi.org/10.15866/irecon.v7i3.17416

[12] Al Khasawneh, K., The Impact Force Acting on a Normal FlatPlateDuetoNon-ContinuumFlowIssuingf Planner ExitwithDifferentSpeedRatio,(2019)*InternationalReviewofAerospaceEngineering(IREASE)*,12 (4),pp.187-194. doi:https://doi.org/10.15866/irease.v12i4.15171

[13] E.Borgonovo&L.Peccati,Globalsensitivityanalysisininventory management, *Int. J. Production Economics* 10pp. 302-3132007.

[14] J. Wikner, Continuous-time dynamic modeling of variable leadtimes,*International Journal of Production* Researchpp. 2787-98,2003.

[15] MathWorks,*SimulinkDesignOptimizationUser'sGuideR2015b* (MathWorks,Inc2015)

[16] A. Saltelli, S. Tarantola, F. Campolongo, M. Ratto, *SensitivityAnalysisinPractice:AGuidetoAssessingScientificModels*(Wiley,2004).

[17] Mc Kay, W. J. Conover,R. J. Beckman, A comparison of threemethodsforselectingvaluesintheanalysisofoutputfrom acomputputer code,*Technometrics,*21(2),pp.239-245,1979.

[18] MathWorks,*SimulinkUser'sGuide*,(TheMathWorks,Inc.,Natick,MA, Sept 2012).

[19] Rozić, I., Imamović, B., Pavličević, J., Gubina, A., Halilčević, S.,TheEnergySustainabilityoftheSmallAgriculturalFarmsIsolatedof Electric Power Grid,

(2018) *International Review ofElectricalEngineering(IREE)*,13(3),pp.229-236. doi:https://doi.org/10.15866/iree.v13i3.14413

Conclusão geral

Este livro apresenta uma análise aprofundada dos métodos de modelização, identificação e controlo aplicados aos sistemas eléctricos e logísticos, estruturada em quatro partes principais:

A primeira parte do eixo 1 centra-se no problema da modelização e do controlo dos sistemas eólicos, com o objetivo de integrar o carácter de histerese do circuito magnético. Os resultados mostram que o controlador baseado no novo modelo tem um melhor desempenho do que os controladores convencionais.

Os resultados da simulação estão muito próximos das referências impostas e podem ser adoptados para a conceção de um sistema de manutenção preventiva.

A terceira parte apresenta uma nova proposta para as dimensões matriciais da modelação singular, introduzindo atrasos variáveis no tempo. As simulações em Matlab demonstram a validade e a viabilidade do sistema proposto.

A última parte tratou do caso de um armazém, onde a ideia principal foi modelar um sistema logístico de reabastecimento, regulando o nível de stock deste último. Isto é bem representado pelas simulações em que o nível de stock atinge o seu valor de referência, adoptando os instantes de lançamento dos reabastecimentos gerados pela lei da ordem.

A elaboração deste documento foi muito benéfica para o autor, permitindo-lhe recuar para sintetizar os contributos dados e melhor enquadrar as perspectivas a curto e médio prazo.

Printed by Books on Demand GmbH, Norderstedt / Germany